高等学校"十一五"规划教材

建筑设计基础

（第3版）

主　编　周立军

主　审　张伶伶

哈尔滨工业大学出版社

内 容 提 要

本书对建筑设计基础的相关知识进行了系统的阐述和分析。主要内容包括:建筑基本概念的阐释、二维平面向三维立体的转换、行为与尺度、建筑的内部空间与外部环境、设计方法入门以及设计表现的基本技法等。

本书可作为高等学校建筑学、城市规划、室内设计、艺术设计及其相关专业的教学参考书,也可供从事上述相关专业的工程设计人员参考。

图书在版编目(CIP)数据

建筑设计基础/周立军主编. —3 版. —哈尔滨:哈尔滨

工业大学出版社,2008.9(2014.6 重印)

ISBN 978 - 7 - 5603 - 1941 - 4

Ⅰ. 建…　Ⅱ. 周…　Ⅲ. 建筑设计　Ⅳ. TU2

中国版本图书馆 CIP 数据核字(2008)第 132186 号

责任编辑		贾学斌
封面设计		卞秉利
出版发行		哈尔滨工业大学出版社
社　　址		哈尔滨市南岗区复华四道街 10 号　邮编 150006
传　　真		0451-86414749
网　　址		http://hitpress.hit.edu.cn
印　　刷		肇东粮食印刷厂
开　　本		787mm×1092mm　1/16　印张 16　字数 450 千字
版　　次		2003 年 10 月第 1 版　2008 年 9 月第 3 版
		2014 年 6 月第 5 次印刷
书　　号		ISBN 978-7-5603-1941-4
定　　价		35.00 元

《建筑设计基础》编委会

主　编　周立军
副主编　殷　青　赵伟峰　夏柏树
编　委　(以姓氏笔画为序)
　　　　卫大可　王秀慧　冯　姗　邵　郁
　　　　周立军　赵伟峰　夏柏树　殷　青
主　审　张伶伶

《建筑设计基础》作者分工

三版前言

《建筑设计基础》一书自 2003 年出版以来，一直作为我校建筑设计基础课程的教材使用，同时也被许多其他院校所使用，受到广泛的好评，并被列为哈尔滨工业大学建筑学院艺术设计学专业的考研参考书。

通过几年的教学实践，我们对本书的内容又有了一些新的认识和思考，师生和同行也提出了不少的建议，此次修订，我们在现有章节基础上删减一些文字内容，使书的主线条理更加清晰、针对性更强；更换和删除了一些不够清楚的图片，提高了本书的插图质量；同时增加了近两年哈工大艺术设计专业的研究生考试题目，更方便学生了解和如何使用该书进行复习准备。

该书的再版，许多参编者都对自己所编部分进行了认真的核对、校正，做了大量的基础工作；殷青老师做了最后的综合整理，同时也得到建筑学院领导的支持和许多朋友的帮助，在此一并表示感谢。

尽管本书经过再次修订，但由于作者水平有限，难免存在疏漏及不妥之处，敬请广大读者批评指正。

联系方式：e-mail：82281438@163.con

周立军

2008 年 8 月

前　言

　　21 世纪是建筑教育发展与挑战并存的时期,如何培养既具有广博的知识面和扎实的基本功,又具有创新精神和创新能力的全面发展的人才,是我们刻不容缓的使命和义不容辞的责任。

　　建筑设计基础教育是建筑教育的重要组成部分,它涉及建筑创作观念、原则和方法的启蒙教育,这些问题也是建筑教育的核心问题。随着时代的发展,建筑教育的传统模式已经不能适应新时期人才培养的要求。以往过于注重模仿与表现技法的训练,以逼真再现为目标的教学思路与教学模式已经滞后,针对新的历史时期建筑教育培养目标,我们进行了建筑设计基础教学的改革。如何在保证绘图基本功训练质量的基础上,更好地激发和培养学生的创造能力与创新意识,成为我们进行教学改革的基本目标。将传统的基本功训练融入到以设计为主线的建筑设计基础教学中去,努力培养学生的创造性思维,成为改革的重点。

　　经过几年的教学改革实践与探索,建筑设计基础教学课程设置的内容同过去相比,已经发生了很大的变化,以往过多的重复性训练已被舍弃,增加了创造性设计训练的成分,同时加大了模型制作的力度。本书正是在此基础之上,针对新的建筑设计基础课程设置内容,并结合编者多年的教学经验编写而成的。

　　本书的主要内容包括:以建筑的概述作为开篇,加强学生对建筑的基本认识的了解;在制作三维模型中体会设计过程,完成从二维平面到三维立体思维模式的转换;初步了解人的行为规律,使设计体现人的行为需要;认知建筑设计中最核心的元素——空间,了解建筑内部空间的基本概念与基本设计方法;了解建筑外环境设计的基本知识,体会环境在建筑设计中的重要作用;从建筑设计的基本特点与规律入手,初步掌握建筑设计的基本手法;了解建筑制图的基本规律,增强建筑的表现技能。

　　教学改革的道路任重而道远,本书只不过是对建筑设计基础课程改革的初步探索和过程性成果,其中未臻完善之处在所难免,敬请有关专家与同行给予批评指正,同时也希望使用本教材的教师与同学将使用过程中的问题和建议及时反馈给我们,以便于随着教学改革的深入,有针对性地进一步完善与发展。

本书在编写过程中,曾得到清华大学、天津大学、同济大学、东南大学、华南理工大学、北京建筑工程学院等学校的支持;哈尔滨工业大学梁振学、孙澄、丛晏、毕冰实等教师积极参与建筑设计基础的教学改革工作,并为本书的编写提出了许多宝贵的建议;青岛建筑工程学院罗文媛教授、哈尔滨工业大学林建群教授与吴士元教授给予本书多方面的关注和指导;同时得到了哈尔滨工业大学建筑学院张伶伶、郭旭、刘德明、邹广天、赵天宇、吕勤智等领导的大力支持,以及王宇、赵延明、贾梦宇等同志在资料汇集方面的热心帮助,在此一并表示衷心的感谢。

编　者

2003 年 8 月

目　　录

第一章　概　述

建筑是人们生活中最熟识的一种存在。住宅、学校、商场、博物馆等是建筑,纪念碑、候车廊、标志等也属于建筑的范畴。任何时候,人们都在使用着建筑,谈论着建筑,体验着建筑。从狭义上讲,建筑是一种提供室内空间的遮蔽物(Shelter),是区别于暴露在自然的日光、风霜雨雪下的室外空间的防护性构筑物,因此,可以简单地认为建筑就是房屋,是能够提供居住、生活环境的物质条件。但当我们仔细地体会和品味身边的建筑时,就会发现建筑物质形态背后蕴含着丰富的艺术、文化、社会、思想、意识的内涵,因此广义上讲,建筑是一种艺术形式,是一种环境构成,是一种文化状态,是一种社会构成的显现……建筑与自然、社会、政治、经济、技术、文化、行为、生理、心理、哲学、艺术、宗教、信仰等科学之间存在着各种各样的复杂的联系和表现形式。

第一节　建筑是一种艺术形式

建筑是人类在长期的历史发展过程中创造的文明成果之一。人类从原始的穴居、巢居以来,伴随着作为遮蔽物的功用属性,建筑的审美也随之产生,"作为艺术的建筑术开始萌芽",建筑是最早进入艺术行列的一种。

一、建筑是艺术的创作

建筑几乎都具有实用功能,并通过一定的技术手段创造出来,但几千年的建筑发展史却表明,建筑作为一种艺术和审美的表达,是建筑的主体内容,甚至部分地超出了功能和技术的控制,成为了建筑的中心(图1.1 朗香教堂、古根汉姆博物馆)。英语词汇中的建筑——Architecture 本意即为"巨大的艺术",因此说,建筑从其起源时就具有了艺术特征。古典艺术家历来把建筑列入艺术部类的首位,把建筑、绘画、雕塑合称为三大空间艺术,它们同音乐、电影、文学等其他艺术部类有着共同的特征:有鲜明的艺术形象,有强烈的艺术感染力,有不容忽视的审美价值,有民族的、时代的风格流派,有按艺术规律进行的创作方法等。

广义上讲,建筑即是建筑艺术,是等同的概念,正如绘画即绘画艺术,雕塑

(a) 朗香教堂

(b) 古根汉姆博物馆

图 1.1 建筑艺术

即雕塑艺术一样,因此可以说,无论是庄严的教堂或是纪念碑,无论是文化性的博物馆或是艺术中心,还是朴素的住宅、厂房等,任何建筑都是艺术的创造,都含有艺术的成分,都与社会的意识形态、大众的审美选择相联系,只是表现的形式与感染力程度不同而已。

建筑艺术通过形体与空间的塑造,获得一定的艺术氛围,或庄严、或幽暗、或明朗、或沉闷、或神秘、或亲切、或宁静、或活跃等,西班牙建筑师高迪创作的建筑可比作光芒四射的朝霞(图 1.2 米拉公寓),希腊建筑可比作阳光灿烂的白昼(图 1.3 雅典卫城),伊斯兰建筑可比作星光闪烁的黄昏(图 1.4 泰姬陵),这就是建筑艺术的感染力。

图 1.2 米拉公寓

图 1.3 雅典卫城

图 1.4 泰姬陵

二、建筑艺术具有客观的形式美规律

建筑是一种空间艺术,它的表现手段无法摆脱点、线、面、体等基本形式,无法脱离材、质、色的表达,同时又会受到实用功能和技术、经济的约束。客观的内涵和表现形式决定了建筑艺术具有客观的形式美规律,具有相对独立的原理和法则,概括而言就是多样统一,涉及整体与局部、节奏与韵律、对比与和谐、比例与尺度、对称与均衡、主从与虚实等客观的规律(图1.5施罗德住宅)。形式美的规律与法则具有一定时期的稳定性和合理性,是与客观的社会存在、意识形态相依存的,是不断向前发展的,不存在永恒的形式美。

图1.5　施罗德住宅

三、建筑艺术受社会审美意识的制约

建筑艺术与其他门类的艺术有着相似的艺术生命规律。一栋建筑不是由建筑师孤立地创造,它体现着建筑师个人综合素养,凝聚着建筑师自然观、社会观的复杂内容,因此可以说,建筑上总会或多或少地显现着社会意识形态的影子。同时,建筑作为一种实用艺术,其艺术的生命力还要在漫长的使用、欣赏和时间的检验过程中完成。社会培育了建筑师,建筑师根据具体的任务和条件创造了建筑,建筑为大众和社会服务以实现其生命价值,因此可以说,建筑艺术的产生和存在是社会、个体建筑师和大众共同作用的结果。

四、建筑艺术受功能和技术的制约,富含理性的成分

建筑是一种艺术,但建筑艺术并不是独立的、纯粹的主观意愿表现,而是与

社会、环境、信仰等紧密联系在一起的。

建筑是一种艺术,但建筑不同于文学、绘画、音乐等,建筑的艺术在表达创作者的主观思想意识的同时,不能完全变为作者的主观的、自我的宣泄,而必须受功能、技术、经济等客观条件的限制;甚至部分建筑的功能、技术也会成为建筑艺术表现的核心内容(图1.6埃菲尔铁塔)。

一座建筑的完成,仅仅依赖于艺术的创造是不可行的,甚至是危险的。尽管有时艺术主观地成了先入为主的表达,但为追求功能、技术、艺术相一致的原则,艺术不会成为建筑中孤立的构成。脱离功能、技术、环境的特定要求,建筑艺术的存在是不真实的。因此,建筑艺术通常要受到功能和技术的影响和制约,不能随心所欲地盲目表现,而是蕴含着丰富的理性成分。

图1.6 埃菲尔铁塔

第二节 建筑是石头铸就的史书

建筑与人类的生活息息相关,建筑的产生、发展、变化与人类的发展史紧密联系在一起,随着人类的出现而出现,随着人类的进步而不断完善、提高。因此,可以说建筑是人类文明的铭刻。

一、建筑反映着社会主题

法国作家雨果在《巴黎圣母院》中写道:最伟大的建筑大半是社会的产物而不是个人的产物,他们是民族的宝藏、世纪的积累,是人类社会才华的不断升华所留下的积淀……他们是一种岩层,每个时代的浪潮都给他们增添冲击土,每一代人都在这座纪念性建筑上铺上他们自己的一层土,每个人都在它上面放上自己的一块石。

世界上建筑艺术风格变化最多的首推欧洲。每一种建筑的风格都突出地反映了当代社会的特点,如古希腊建筑亲切明快,反映了奴隶制城邦社会民主、开朗的生活;中世纪哥特风格的教堂建筑中高耸的塔尖、超人的尺度和光怪陆离的装饰(图1.7哥特教堂),既显示了教会的极端权力又展示了市民力量的勃兴,也反映了当时欧洲大陆的社会矛盾;古罗马建筑雄伟、奢华的风格(图1.8罗马万神庙)是奴隶主穷兵黩武、骄奢淫逸的生活写照;公元10世纪的法国古典主义建筑以古罗马的列柱和拱门为形式特征,在这种固定框子里,用一套数学和几何的方法进行构图设计,排除一切地方、民族的特点,甚至无视不同类型建筑的不同功能要求,强制推行千篇一律的风格样式,这股潮流也从建筑这个侧面反映出了法国路易十四统治全欧时期,鼓吹"联即国家"的绝对君权思想。

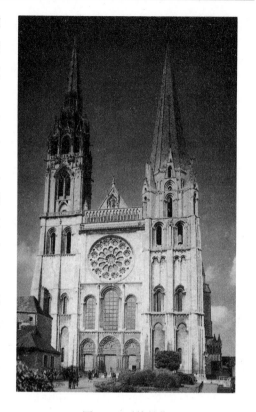

图1.7　哥特教堂

中国也不例外,古代城市的规模和布局、各类建筑的体量和式样,大都方整划一,主从分明,轴线贯通,层次井然,并且千百年保持了统一的风格,基本上没有发生重大的变化,这是世界建筑史上罕见的现象。这种现象深刻地反映了中国封建社会的基本特点——国家统一,皇权至上,等级森严,典章完备,生产和生活变化的幅度不大,思想意识的传统性很强。总之,建筑不是孤立的创造,是一定历史时期由特定的社会群体,在当时的社会意识形态的作用下,在社会经济技术发展水平的制约下创造出来的。

埃及金字塔(图1.9)是人类重要的文化遗产,是古埃及人民劳动和智慧的结晶。其中最具代表性的要数吉萨金字塔

图1.8　罗马万神庙

图1.9 埃及金字塔

群,由胡夫(Khufu)、哈夫拉(Khafra)、门卡乌拉(Menkaura)和大斯芬克斯(Great Sphinx)组成。其中最大的胡夫金字塔高 146.4 m,底边各长 230.0 m,呈正四棱锥形,如此宏伟的建筑在公元前 3000 年完成,有着深刻的社会原因,反映着深刻的社会主题,主要包括下面几个方面:

(1)环境——尼罗河流域广阔无边的沙漠。

(2)功能——存放法老的尸体。

(3)情感——古埃及人相信,人死后只要把尸体保存完好,3 000 年之后可以复活。因此,古埃及的统治者非常重视其死后保存尸体的房屋——陵墓建造。

(4)信仰——古埃及时期,生产力水平低下,人类对自然的认识有限,对尼罗河流域的自然环境充满了敬畏和无限崇拜,认为自然是伟大的,并把这种感情寄托于宏大的自然物上,如高山、大漠、长河,其特征是原始、单纯、宏大,由此形成了原始的拜物教。

(5)社会——公元前 3000 年的古埃及奴隶制社会,皇帝为了维护皇权的统治力,利用原始拜物教极端崇拜高山、大漠、长河等自然物的信仰,把自己比做自然神的化身,把自然物原始、单纯、宏大的特征运用到象征皇权的纪念碑——陵墓上。

(6)艺术审美——金字塔像一座大山,位于以蓝天和沙漠为背景的尼罗河三角洲上。长河落日、大漠孤烟的自然环境,在视觉艺术上的特征是直觉的、原始的,形式上是单纯的、宏大的,与金字塔的四棱锥形象在艺术审美上是和谐统一的。

二、建筑反映着人们的生活方式

建筑与人的行为方式相对应,有什么样的生活就有什么样的建筑,反之亦然。考古学就是根据这种对应规律,从古建筑的遗址或构筑物上,推断古人类的生活方式。

第三节　建筑是人与环境的中介

广义上讲,建筑是人类居住生存环境的一部分,是满足人们生理、心理客观需要的内容组成。从狭义上讲,即从人类与自然、社会环境的关系上讲,建筑是一种中介,是建立在人与自然、人与社会的复杂构成内容之间合宜关系的不可或缺的连接体。应当说,客观的自然、社会所构成的环境对人的生存有着积极和消极共存的影响,我们创造建筑的目的就在于利用和发展积极的影响内容,避免或弱化消极的成分,最终实现人与环境的和谐、共生。

从建筑发展的历史上看,人与环境的关系发展经历了三个阶段:

第一阶段:人在自然中(Man in Nature)。这一阶段主要指人类对自然的认识处于贫乏时期,自然给人的感受是敬畏的、崇高的,人们适应和改造自然的能力是低下的,人的主观能动作用的发挥是非常有限的,相反,自然对人的生存却是生死攸关的。为此,建筑仅仅担负屏蔽自然的介质作用,以最简单的方式达到遮风挡雨、防止虫兽侵害的目的。

第二阶段:人胜自然(Man over Nature)。这一阶段的特征是人类在对自然环境积累了大量感知的基础上,建立了较为系统的规律性的认识。人类自身力量的强大,为释放长期受自然压抑的心理、标榜自身的存在创造了物质基础。尤其是进入工业社会以来,技术经济的迅猛发展促使建筑规模膨胀,建造技术更新,人们大量地向自然索取土地、森林和能源等,同时建筑运行所产生的垃圾和废物又反过来严重污染着人类赖以生存的自然环境。概括地讲,人类对自然的依赖在减弱,同时对自然的破坏在加重,人与自然之间的和谐关系受到了严重的威胁和破坏。

第三阶段:人与自然共生(Man with Nature)。这是人类在经历了复杂的历史过程和沉痛的教训之后,总结出的发展道路。人们在回顾工业文明所带来的伟大成就的同时,严峻的问题摆在我们的面前:资源的过度消耗和浪费、环境的破坏和污染、生态平衡的失调(如地球变暖、水土流失)等。究其根源,建筑是非常主要的一个原因。相对人类全部的能耗而言,建筑是一个耗能大户,全球能量的 50% 消耗于建筑的建造和使用过程中。同时,建筑行为本身往往也伴随着对环境的破坏。据统计,在环境污染中,与建筑有关的污染占 34%,包括空气污染、水污染、固体垃圾污染等。为了减少对不可再生资源的消耗,保护人类赖以生存的自然环境,首先必须建立人与环境共生的观念,其次要深入研究和开发如太阳能、风能、水能、核能、地热等可再生资源以及新的建筑技术,在改善人们生活环境的同时,坚持走可持续发展和生态建筑设计之路。

可持续发展(Sustainable Development)简单地说是指以长远发展的观点,以和谐、动态、平衡为特征,在不损害将来人类社会的存在和利益的基础上,建设满足当代人们生活需要的生活环境。应当说,可持续发展是 21 世纪人类发展的趋向,具有宏观性和观念性的特点。生态建筑(Ecological Architecture)则更注重于处理人、建筑、环境三者之间的关系,其目的是要为人们创造一个适宜的居住生活环境:健康的温湿度、清洁的空气、宜人的声光环境、特色明晰与舒适的视觉环境、丰富和便利的交往空间等。同时还要努力减少对自然的索取和提高资源利用的效率、弱化负面影响、促进可再生资源的循环利用。

建立可持续发展的观念,走生态建筑的道路,是当代建筑面对自身生存和环境问题的必然选择,二者共同的特征是:

(1)以人 – 环境系统的和谐为目标。不能以牺牲任何一方的利益为代价去争取另一方的好处,二者同样重要。为此,要重视人与环境的关系及其规律,建立人—环境系统化和要素集合化的观念,反对孤立地看待任何一方。

(2)以人 – 环境系统的平衡为评价尺度。人与环境是一个复杂的系统构成,部分或要素的变化必然要引起其他系统构成内容的变化,乃至系统本身整体的反应,这种变化和反应可能是积极的,也可能是消极的。我们不可能直接去调整系统的整体,而只能是针对个体要素的行为。这种任何局部或要素的调整应以系统的平衡为评判标尺,努力维护系统的稳定和良性发展。

(3)以动态平衡为设计的切入点。可持续发展和生态建筑设计均反映的是一个过程,而不是一个静止的界面。我们的任务是探究和发现建筑全生命周期过程中的物质和能量的形态、数量变化过程与规律,运用合宜的设计观念、手法和技术去调控建筑生命过程中的物质、能量循环进程,提高利用的效率,减少浪费和污染,在动态过程中维持一种系统的平衡和发展。

德国柏林议会大厦(图 1.10)扩建的设计者为英国建筑师福斯特(N·Foster)。该方案在保持原建筑外形的基础上,在中心庭院上部加建一个玻璃采光顶,形成新的议会大厅。设计方案的创意并不仅仅反映在其尊重历史环境的外部形象上,更重要的是建筑所蕴含的生态观念和技术使其成为环境、技术、

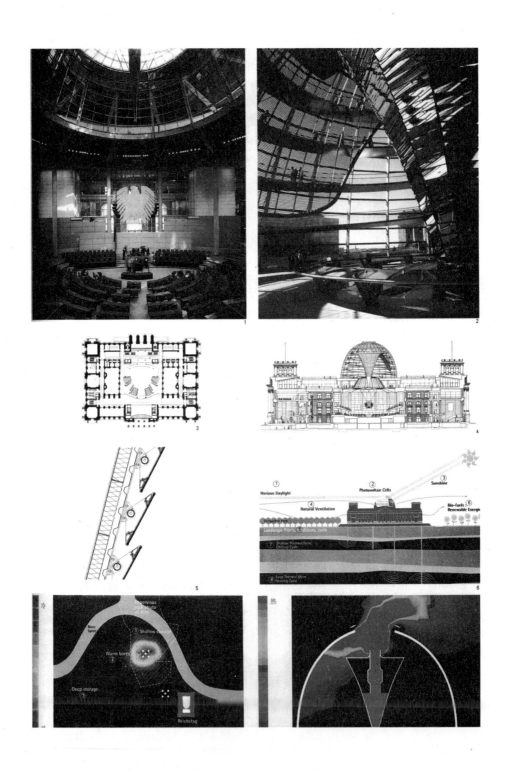

图 1.10 柏林议会大厦

艺术高度统一的杰出建筑。其生态设计体现在：①自然光的利用。议会大厅的照明主要是利用自然光，通过玻璃顶的透射和倒锥体(其镜面可调整角度)的反射，将自然光反射到下面的议会大厅；沿着导轨可缓缓移动的遮光板，可随日照光线自动调整方位，以防止热辐射和避免眩光。②自然通风。议会大厅通风系统的进风口设在门廊的檐部，新鲜空气自地板下通道经座位下风口均匀吹入，然后经穹顶内倒锥体的中空部分排出；大厅的侧窗为双层，外层为防卫性的，内层为隔热玻璃，中间为遮阳板，其通风可自动调节，也可人工控制。③地下蓄水层的利用。议会大厦地下有深、浅两个蓄水层，深层蓄热，浅层蓄冷。在设计中建立了夏季与浅层的冷水热交换，冬季与深层的热水热交换的冷热交换器，实现积极的热平衡。

伦左·皮亚诺(Renzo Piano)在新卡里多尼亚设计的特吉巴奥(Tjibaou)文化中心(图 1.11)，是高科技、地方文化、生态设计相结合的杰作。卡里多尼亚岛位于澳大利亚东侧的南太平洋岛国，气候炎热、潮湿、多风。文化中心由 10 个被皮亚诺称为"容器"(case)的棚屋状单元组成，一字排开，高低不同。棚屋背向夏季主导风向，迎风向产生正风压，下风处产生强大的负风压，从而在建筑下部进风口和顶部开口之间形成风压差，促进了空气的自然流动，并通过进风口处百页的开合和方向的调整，适应不同的外部风环境，调整室内的通风状态。值得一提

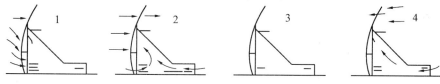

图 1.11　特吉巴奥文化中心

的是,棚屋初始设计时的形态是封闭的倒锥体,经过多次反复的室内外风环境计算机模拟和实验,最终确定了现在的样子。

新加坡展览塔楼(Exhibition Tower Singapore)(图 1.12)所处的环境植被受到了严重破坏,设计师杨经文重新选择了合适的植物种植在建筑上,力图恢复原来的生态系统;屋顶汇集的雨水经处理后用于浇灌植被和冲洗卫生洁具;通过垂直绿化、固定和移动的遮阳板、与主导风向平行的引风墙,将凉风引入室内,以达到自然降温的作用;屋顶的太阳能集热板为空调、照明提供能量;建筑的结构构件采用螺栓等机械连接,便于拆装,具有灵活性,可再次利用。

图 1.12　新加坡展览塔楼

第四节　建筑是一种文化

美国人类学家克莱德·克鲁克洪(Clyd Kluckhohn)认为:文化是人类历史上所创造的生存式样的系统,既包括显形式样,又包括隐形式样;它具有为整个群体共享的倾向,或是在一定时期内为群体的特定部分所共享。文化本身具有结构和规律性,是动态可变的,文化是个人适应环境的工具和表达意图的手段。简言之,文化即是一个复杂的总体,包括知识、信仰、艺术、道德、法律、风俗,以及人类在社会里所谓的一切能力和习惯。

广义而言,文化涵盖了人类在长期的生存与生命活动过程中,对自然、社会、生命的感受,上升为本质和规律性的认知,并反过来作用于自身生产与生活的全过程。文化的形成是一个长期的过程,它接受了自然、社会、心理等的约束和选择,是物质和精神、主观和客观相结合的产物。它一旦形成,就具有了整合性、自律性、层次性和传承性等特征。而建筑作为人类一种物化的创造活动,一种基于认知心理选择的艺术表现形式,是社会文化大系统中的一个子系统,必然存在着显性的或隐性的、从形式到内涵的文化关联。

建筑作为一种文化现象,与文化的关联主要表现为三个层次。

1.建筑式样层面的联系

文化具有传承性的特征,建筑本身也是一个历史继承的过程。任何时代的建筑创造都是在尊重或参照原有建筑式样的前提下进行的。人们总是根据他们所熟知的和在记忆中曾经存在过的实存建筑形态,或在神话、传说中假想的艺术式样,去创造新的建筑。在这一过程中,会有创新,它代表着前进和发展,但脱离原有建筑为基础的建筑创造也是不现实的,会与周围的环境格格不入,不能作为建筑的发展方向。

大家熟知的古埃及金字塔是正四棱锥形,是成熟时期金字塔的形象。古埃及人最初建造金字塔是为人死后保存尸体,其形式源于对当时贵族的长方形平台式砖石住宅的模仿,内有厅堂,墓室在地下,是金字塔的雏形。后来金字塔作为墓穴的功能逐步弱化,形式渐趋单一,向集中和高空发展,最终形成了正四棱锥形的形象。

2.生活方式层面的联系

建筑是人类生活的"形化"。对应于建筑而言,生活行为的重要性不在于其构成内容是什么,而在于行为是怎样进行的。这种进行方式决定着建筑的内容、空间结构、组合方式。以居住行为为例,其行为需求可分为:

(1)基本的生活需求——吃饭和睡觉;

(2)家庭的信仰和习俗;

(3)家庭成员的地位和相互关系;

(4)行为的私密性;

(5)邻里交往。

北京的四合院住宅(图1.13)是反映行为的私密性、家庭成员的地位和相互关系的典型实例。垂花门是尊重私密性的体现,正屋、厢房是长幼地位关系的反映,庭院是家庭公共的活动空间。

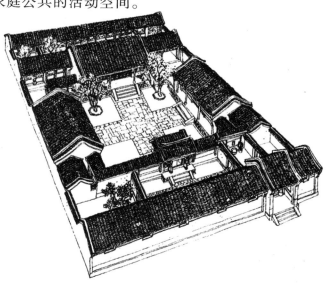

图1.13 北京的四合院住宅

关于邻里交往行为方面,中国传统的交往大都发生在街道上,法国发生在街道或广场旁的咖啡店里,意大利则是在住屋间的小广场上,英国人喜欢在俱乐部的大草坪上。种种不同的交往行为,造成了这些国家中相应的空间得到了优先的发展,变得更丰富而有情趣。

美国汽车文化对建筑的影响也是生活行为方式对建筑起决定作用的一个典型实例。汽车首先完成了美国人"在郊区有自己的房子"的梦想,促使居住向郊区化发展;其次,刺激了新建筑形式的出现。驾车也有不便之处,如上下车、停车、锁车、开车等比较麻烦,针对于此,相应的服务设施出现了:在建筑物旁或内部设置车行道、窗口等,使顾客在车里就可以完成购物、取款等活动;还有汽车电影院,可以坐在汽车里看电影;旅游有汽车旅馆(Motel),客人可以把汽车停放在自己客房门口,因此旅馆常常是一层的。

3.思想意识层面的联系

思想意识是文化的隐性构成,具有更强烈的整合性、自律性和传承性。建筑是人类创造的物化的主体意识,这种主体意识来源于社会全体人群长期形成的综合的自然观、社会观,来源于丰富的"生存式样",来源于个人适应环境的共性行为和习惯,来源于包括知识、信仰、艺术、道德、法律、风俗等一切的综合。主体意识复杂的、深层的构成内容,自觉、不自觉地影响甚至决定着建筑的表现形式。

中西方在传统上对实体与空间关系的认识具有差异:"凿户牖以为室,当其无,有室之用"表达了中国传统上对"空"的重视与追求,于是在中国传统建筑中空间较实体更为重要;传统的西方建筑则强调实的造型,如古希腊的神庙,其为神所设的室内空间并不比一个花瓶的内部空间更有意义,其产生的思想根源在于极力表现人的力量、征服自然的成就,建筑成了这种愿望的标志。

中西方传统伦理学的启示:在中国传统的伦理学中,大范畴总是凌驾于小范畴之上,如先城市后街道的地址顺序,先姓后名的名字顺序。对建筑来讲,就是群体大于个体,单体的意义在于它是群体的一个组成部分,其个性的处理则属于相对次要的问题。如北京故宫(图1.14),作为城市轴线高潮的太和殿也不过比其他殿堂高大一些而已,但通过开阔的殿前广场与端门、午门之间的空间对比,夸大的台阶等突显出其重要性。而西方先名后姓的个体优先哲学,反映在建筑上则是强调单体建筑的重要性,常常表现为建筑突显于环境之中,极力表现个性特征。

中西绘画对建筑的启示:中西绘画艺术的区别,很大程度上在于绘画艺术的欣赏过程不同。西方的绘画是照片式的,讲究客观性和共时性,是有明确视点、透视和画框的表现;而中国的绘画强调历时性和主观参与性,讲求以实物为媒介,融入欣赏者的理解,追求画外的境界。如法国的凡尔赛宫园林——完整

图 1.14　北京故宫

的构图、明确的轴线、对称的构成、几何化的植物,是一幅静态的油画;中国的苏州园林——讲究移步易景,如一幅山水长卷,只有一步步才能体会,若只鸟瞰全园,反不得其要领了。

　　建筑是一种艺术形式,是石头铸就的史书,是人与环境的中介和一种文化,只能称得上是从艺术、社会、环境和文化四种不同的角度对建筑的阐述。应当说明的是,要想探究建筑广泛和丰富的内涵,仅此而已,即不够全面也不够深入。建筑中最为重要的功能和技术内涵,也应是建筑内涵和形成建筑观的重要组成,值得深入研究和探讨。

第二章 三维立体

第一节 思想模式的转变——重新认识我们生活的世界

作为刚刚迈入建筑院校的新人，多数的学生对建筑设计没什么概念，常常会听到他们提到这样的问题"什么是建筑设计？"，"怎样才能做出设计来？"。刚刚入学的兴奋和愉快很快被完全陌生的学习方式和内容所冲淡。这些新人进入建筑院校学习之前，普遍不知道建筑是什么，也不了解自己有无此方面的特长。他们对建筑的了解多来自于其生活的建成环境，并因其生活环境的不同而不同。经历了从小到大的应试教育，学生普遍人文素养较差。很多学生本着刻苦、勤奋的精神，以学数理化的方法扎扎实实、任劳任怨地学习，这种精神固然可佳，但收效甚微。这种方法并不适合学习建筑设计，而且容易导致学习中急功近利，盲目追求时髦，没有自己的见解，把设计当成是简单的模仿和抄袭。

对于这些缺乏视觉表达和理解能力的学生，即便是谈到影响视觉构成的最基本原理，如比例、尺度、平衡或和谐等时，学生都会感到难以理解，而且他们不能将视觉思维借助二维或三维（模型）表达出来。甚至有些学生在建筑院校学习了一二年后，在给教师讲述方案设想时还仅仅只能对着一张空白的图纸夸夸其谈，完全没有养成使用设计语言来表达设计思想的习惯。面对学生的这种情况，我们选择了以三维立体设计作为开启创造之门的敲门砖，作为我们开始建筑设计学习过程的第一块铺路基石，整个学习以直接制作模型开始，在制作中体会设计过程。平面设计家和教育家丹齐格曾说过"教学的创造性在于发明问题。"通过从三维模型入手而进入建筑设计的学习过程，对于初学建筑的人来说，有很强的直观性、参与性和体验性（图2.1）。

在教学中采取教学互动的办法，使学生从单单以具象的观点看待世界中解放出来，发展其抽象意识。因此，作为学习建筑设计的学生第一次接触的作业，应有利于鼓励其了解和使用建筑的语汇，如利用点、线、面、空间、实体等来考虑自己的设计。三维立体所展现的是纯粹的立体或空间形态，是舍去主题和各种属性所剩下来的立体和空间形式，最便于建立抽象的空间意识（图2.2）。题目设置中不加过多的限制条件，可有充分的余地发挥学生的创造力。以不断动手制作和改进的模型为欣赏和评价对象，从中比较优劣，来发展学生的品评和审美能力；以亲自动手制作来激发学生对设计学习过程的兴趣。

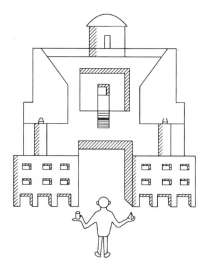

图 2.1 以三维立体设计开启设计之门

图 2.2 立体的魅力

我们知道创造力是一种内在的素质,它的培养需要长期潜移默化的持续过程。创造力来自丰富的知识。爱因斯坦给创造力下的定义是:"创造力等于以往的知识与想像力的乘积。"设计的创意来自于创造性地对以往知识的选择、组合、变化及巧妙的运用,以制造出全新的作品(图 2.3)。因此对已有知识的加工、整理很重要。当我们进入建筑院校学习以后,应习惯以一种批判、分析的态度对待知识,在这一思考过程中发展设计思维。从自己狭隘的对建筑和建成环境形成的理解中

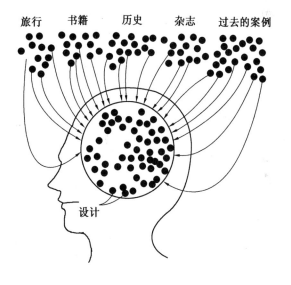

图 2.3 多方面语汇的发展对创作是必要的过程

解放出来,拓展思路,重新发现我们生活的世界,见得多了,想得多了,思想也就趋于成熟了。

我们知道人不仅能观察、反映世界,更重要的是人能感受世界。面对同一事物,由于主观的作用,不同处境的人会有不同的态度。比如在你生活了多年的家乡,你可能觉得厌倦了,没有任何事物对你来说有新奇感;可如果是一位外国人,他会觉得这里到处充满吸引力,总能发现吸引他、令他兴奋的东西。一样的环境,感受却完全不一样,只是观察的角度和心态不一样。要能从旧有的事物中发现新东西,即换个观察角度,你会发现,再普通的事物也有异常美丽的一

面。对半切开的一棵大白菜,看看那色彩的渐变,形的韵律,不是很美丽吗? 带着问题去观察,从美的角度去体验,从其构造的规律性去研究,以环境的观点和动态的观点去发现世界,你的眼界就会很快提高。

第二节　从三维立体能看到什么——发展我们的观察能力

立体形态是人们日常生活中常常能见到的。通常一个立体形态没有固定不变的轮廓,因此,有时我们会发现同一个平面投影形式可以对应几个完全不同的立体。比如一个方形的投影平面,对应的立体可能是四棱柱体、水平倒下的圆柱体,也可能是一个方形的灯罩(没有顶面也没有底面,图2.4)……也就是说,如果单单凭拿到的一张平面投影图是无法准确地提出立体形态的,不过可以提供几种可能的立体形态。这完全不是一种一一对应的提问、回答的解题方式,而是一对多的。因此,这是进入建筑院校学习的学生应牢记的一点:即便有一百个人拿到同一个设计任务,结果必定是各不相同,这是我们在学习过程中所鼓励的。进入建筑院校学习设计以后,对于问题的解答"没有最好、只有更好"。

(a)具有相同平面投影的不同立体

(b)具有相同底面投影轮廓的不同形体的表情

图2.4　同底的不同立体

我们通过对立体的研究与观察会发现,三维立体有两种不同的表现形式——体现体块量感的三维立体和表现占据虚空的三维立体。有许多复杂的三维立体,同时有这两种表现形式。除去最基本的几何形体,如正方体、球体等,多数的三维立体都有一种视觉特性——当视点处于不同的角度和位置时,可以得到不同的视觉效果(图 2.5)。在我们选择立体物品时,只要有可能总是要左右端详,上下端瞧,再远看看,近看看。这就是我们在从多角度、多方位来观看立体,欣赏其多变的形态。另外,我们会发现有些立体在展示时总是有一定特殊的灯光

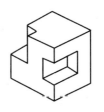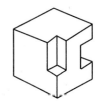

图 2.5 相同立体在不同视角的成像

照射,光也是展现立体形态,有时甚至是塑造立体形态的一种重要手段。比如为了纪念 9·11 事件而设计的临时纪念碑就是以光束构成的。虽然这种以光作为立体制作材料的并不多见,但作为重要的辅助和加强立体形态感染力的手段,光参与立体形态的表现要素还是屡见不鲜的。在日常生活中若能经常做到细心观察,提高你的眼力,那么设计将存在于每一个角落,美将无处不在。

第三节 三维立体的形成——发展手脑并用的能力

为了介绍方便,将三维立体的形成分几个部分来介绍,但实际上这几部分是同一个设计创造过程中不可分割的共时性工作,很多时候其顺序也是不能以谁先谁后来解释的。

一、天马行空的立体想像

如同作家写作打腹稿一样,在拿到任务书后,设计师做设计先要解读好题目要求,了解要求后进行想像,最初想像是发散性的,数量很多。为了使工作易于开展,可以从基本的几何形体,如正方体、三角锥体、球体、圆柱体等中选出一种作为原型,在此基础上做想像立体。仅选一种基本形体作为原型,有利于想像立体向纵深方向发展,对于挖掘创造潜力极为有益,同时,也要选定一个关于一题多解的优秀范例(这里鼓励的就是解答的多样化),在基本型的基础上运用联想,使其变化,以形成尽可能多的新型。

对于基本形体做一般性的了解有利于拓展设计思路,所以下面对基本形体的特性进行简单介绍。任何形体都可分解成许多基本形体的组合体,设计者又可以从各类基本形体的取舍和添加来获得新形体,因此基本形体又可称为各类形体之母。基本形体是人为的几何形体,它的选用因个人见解不同未有标准形体,我们为了研究各个形体的形象与特性,选用正方体、三角锥体、球体、长方柱体、圆锥体及圆柱体为基本几何形体。

1.正方体

正方体是由六个相同的面组合成的形体,各个面均相互垂直,每条边线长

度均相等,有显著的棱角,形成最基本的端正的形体。正
方体强调垂直与水平的心理效应,具有安定、方正及平直
的秩序感(图2.6)。

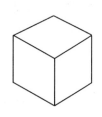

正方体经一次等分可得两个完全相同的形体,经多次
分割可得到极为复杂的形体,直线分割法可得到方体和多
角柱体,曲线分割法可得曲面形的各种弧形柱体(图2.7)。

图 2.6 正方体基本形体

由正方体分割出来的角柱体因分割方法不同而形成
各类丰富形体,正方体也可做三等分或四等分得到相同的
形体。切割之前先要有个概念形,也就是想像形,再动手(图 2.8)。

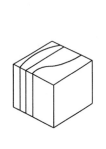
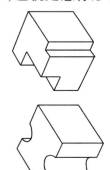

图 2.7 正方体的切割

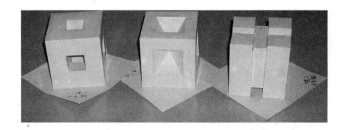

(a)体量感十足的正方体分割

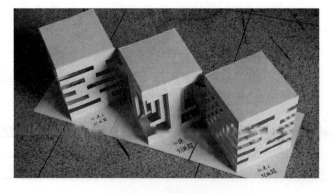

(b)轻巧、通透感的立方体分割

(c)节奏感十足的立方体分割

图2.8　立方体分割的实例

2.三角锥体

三角锥体是由三个等腰的三角形斜面和一个正三角形的底面所组成(图2.9)。三个等腰的三角形斜面与三条边缘线均相等,有尖锐的顶端,棱角鲜明,有庄严独立的特征。多角锥体性质基本等同于三角锥体。

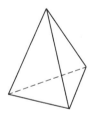

图2.9　三角锥体基本形体　　　　　图2.10　三角锥体的切割

三角锥体分割后的形体别具一番意味(图2.10),它可由正方体或方柱体分割而成,本身形体就非常美观,如再以直线或曲线进行分割,其形体更具变化性(图2.11)。

(a)板材、块材和线材所构成的三角锥的不同表情

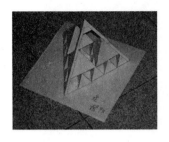 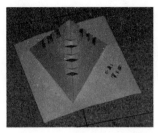 

(b)大小三角锥体组合的立体　　　(c)处理棱后得到的立体　　　(d)处理锥体斜面后得到的立体

图 2.11　三角锥分割的实例

3.球体

球体是个闭塞的形体,具有质感和量感,象征充实、圆满、完美和平衡(图 2.12)。

图 2.12　球体的基本形体

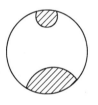

图 2.13　球体的切割方式

球体是各种基本形体中最完美的一种,增一分显得多余,减一分感到欠缺,其形体具有某种生命力与运动感。球体与其他形体一样可以分割,所分割出的形体仍可是个美的造型(图 2.13)。球体可以用直线或曲线进行分割,为了取得理想形体,可做二次以上的分割,只是要注意分割的位置和分割后的形态(图 2.14)。

图 2.14　纸板插接的球体

4.长方柱体

长方柱体是正方体的延续,有明确的平行面和垂直面,上下底面均为正方形,其余四面为相同的长方形。长方柱体具有很好的深度感和体量感,是建筑造型的基本形体(图 2.15)。

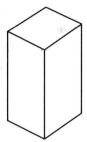

图 2.15　长方柱体的基本形体

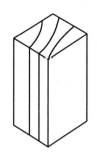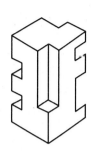

图 2.16　长方柱体的切割方式

　　长方柱体与正方体分割方式差不多,细分割法将长方柱体作多方面的分割。另外可在长方柱体中取一角作一到两块去除,余下的形体仍可保持美观的效果(图 2.16)。

5.圆锥体

　　圆锥体形态类似角锥体,底面为圆形,顶端尖锐。圆锥体有稳定上升及自我中心感,也是各类器物造型的基础(图 2.17)。

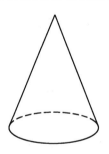

图 2.17　圆锥体的基本形体

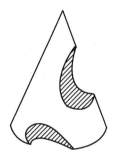

图 2.18　圆锥体的切割方式

　　圆锥体常见的有二等分或四等分法,也可横向切割成若干圆台。另外一种以曲线切割的方法,可以产生很优美的造型(图 2.18)。如果以曲线切割后再做正面等分的分割,形体会更有吸引力(图 2.19)。

6.圆柱体

　　圆柱体是圆沿着一条直线移动而成。圆柱体的上下底面为面积相等的圆形,不论其高低统称圆柱体(图 2.20)。

图 2.19 圆锥体的构成

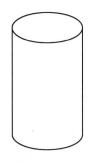

图 2.20 圆柱体的基本形体

图 2.21 圆柱体的切割方式

圆柱体的分割可以参考圆锥体的分割方法来进行（图 2.21），除使用曲线分割外，还可在外壁开大小不同的孔洞，开洞后仍可再行分割（图 2.22）。

二、充分思考材料的准备

对于制作三维立体来说，可用的材料是多种多样的，可选择的余地也是很大的。挑选材料的原则是要易于加工及符合自己想要制作的立体形态要求。可用的材料大致分为以下几类：

块材——包括泡沫塑料、木材、陶土、橡皮泥等，块材有重量感、充实感（图 2.23）；

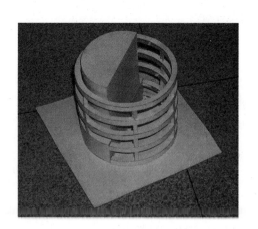

图 2.22 圆柱体切割、重组后的丰富表情

图2.23　块材的构成

板材——包括各种厚度的纸板、金属板、有机玻璃等,板材显示了沿其平面的扩展感及轻快感(图2.24);

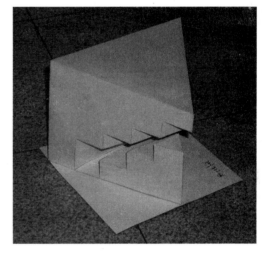

(a)板材的处理之一　　　　　　　　　　(b)板材的处理之二

图2.24　板材构成的实例

线材——包括金属线、管、细木棒、木条、塑料管等,线材具有轻快、紧张及空间感(图2.25)。

为了便于推敲和制作,在不同的立体制作阶段可选用不同的材料。构思阶段的模型因需不断改造,反复加工,可以选用粗糙些但易于加工、改动的材料。这一阶段的模型也称草模。制作正式模型应对材料有所考虑,因为就立体形态本身而言,材质有辅助立体对视觉形成刺激的作用。材料选择是否得当将直接影响到立体的表现力。为了体会这一点,可以取一种设计好的立体形态,分别以不同材质进行表达,制出几个不同材质的"同一立体",以直观的对象来评判其差别。我们会发现,有时仅仅改变材质,就能使立体的视觉效果相去甚远。对于不同材料特性的充分认识和理解,是作为一名优秀建筑师不可或缺的重要品质。材料在设计中是一位合作者,同设计师共同分担了创造过程。对材料的详尽了解有助于设计师创造和探索其固有表现力的可能性和机会。在精彩的设计中,不乏一些方案是以材料本身特性为创造起点的,正是材料的固有特性启发了设计师,使其产生联想而形成作品的。

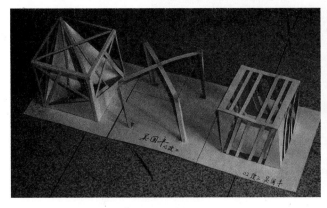 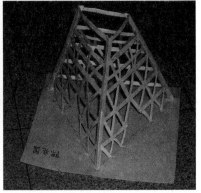

(a)线材形成的立体之一　　　　　　　　　(b)线材形成的立体之二

图 2.25　线材构成的实例

为了能顺利制作出想像立体,我们应掌握一些最基本的对材料的加工方法。

1．基础加工法

基础加工法是对于整体的材料直接进行弯曲、切削及塑造。如制作橡皮泥的想像立体,由于材料本身有良好的可塑性,易切、易塑,是很不错的构想草模材料。用一些简单的木刀、抹具就可对其进行分割、切削,如不满意又可以很容易改变形状或恢复原状。

2．组合加工法

组合加工法多见于线材、面材的制作。材料通过相互联系的节点联接成型。根据节点的不同构造又可分为三种:滑节点联接是通过自重和摩擦力相互连接,以这种方式联系的立体能在水平方向上滑动或滚动,如同山区林业工人晾晒木材的办法;铰节点联接是像铰链一样可以绕节点运动,但只能改变方向,不能产生位移;刚节点联接则通过胶粘剂或钉类等使材料直交的接缝做得很结实,完全不能移动。

不管用哪种方法制作立体,都应注意立体的稳定性和牢固度。形体间接合可以用胶粘剂,也可以用插接构造解决某些问题。所谓插接构造就是木匠师傅们用的榫卯结构,一般这种接口是相互咬合的,这样做出的立体一般看起来会更加精致,接缝干净、利落,但制作要求精细,否则难以展示其构造方式的优势。板材、线材由于自身轻巧,可制出层次极为丰富的立体形态。线材可以做成框架,再通过框架的重复和叠合形成立体。另外,每种材料通过不同的加工方法也能获得不同的效果,比如板材通过粘合可形成闭合体的形态,这种用板材加工的体块不如实体块材的量感十足。同样线材也可做成线织面,但这是一种有渗透感的面,与纯粹的板材质感不同。

制作立体的过程是发展想像立体及设计思维的一个重要过程,这一过程是发现问题和解决问题的好时候。由于是直接动手制作,设计是在不知不觉中推进和深入的,趣味性和参与性很强。在这一过程中要多发问、多质疑、多动手。刚一开始动手制作很容易发生想的和做不协调的情况,随着制作过程的推进,这种状况会逐渐改善。在经过想→制作→想→制作→想→制作→想……不断的循环往复的过程中,体会最直接的视觉感受。在制作中要同时注意以下几个问题,首先,立体的各立面宜有主次之分,各立面完全相同或相互割裂不符合立体的连续观赏要求。其次是立体形态的高峰最好出现在靠近正面中心偏后的位置,这样利于环绕观赏。最后,立体构图原则是偏重三维空间的均衡,整个立体应是有机的统一体。

第四节　同立体进行交流——发展品评能力

面对我们自己设计的立体时,有何感受(图2.26)? 一件作品不应是独白而应是对话。设计其实是指从事某件事之前的一种预先筹划和描绘的过程。不仅仅是专门的工程师、建筑师、设计师才从事设计工作,它无时无刻不发生在我们周围的生活中。因此设计学习是这样一个过程——不是传递所不知道的而是探索所不知道的知识的过程。在这一过程中,学习和理解来自于对话和反思(图2.27)"想要得到公众注意的艺术家务必牢记,人类是一种有懒惰倾向的动物……因而,他惟有一种真正的视觉趣味被激起时才认真地注意一个物体。"(J.J.德卢西奥－迈耶《视觉美学》)

图2.26 立体具有视觉直观性,便于交流

为了达到"引起公众注意",我们需要推进设计,使其成为具有激起他人"视

图2.27 研究和交流

觉趣味"的焦点。这种推进设计的过程也是获取知识的过程,"是不确定促使文本同读者交流"(Wolfgang Iser,1978)。通过制作立体的过程,设计制作者同立体、教师、同学之间进行交流,探讨相关问题和解答,学习和反思就被创造出来了。知识不是从教师或书本上传递下来的,而是通过对话和反思获取的。这种交流最初建立于较浅显的层次上,随交流回合的增加,思想也不断在深化。一些问题得到解决,而另一些问题又暴露出来,交流和协商贯穿于整个设计制作过程的始终。"交流"是发展自身审美和品评能力的一种良好手段,有教师共同参与探讨,探究学生正在体验的一切以及对美的造型的感受,品评和判断在交流中得以升华。交流是在建筑院校学习的一种主要方法,并且协商与交流在建筑师的工作中也是不可缺少的重要部分,他们几乎每天都要同各色人等交流协商。在这种学习方式里,问题是在交流中解决的,知识也是在交流中学到的。通过提升问题的深度,学习也可以深入进行下去。

同学与同学间的交流也很重要,这样在较短的时间内能获取更大的信息量。通过相互间的品评和探讨,能督促获取知识的欲望,养成良好的协作习惯,并且能培养批判地接受知识的能力。

第五节　知识导读

一、形式美的规律

形式美的规律是多样统一性,怎样理解这一点呢?格罗皮乌斯指出"构成创作的文法要素是有关韵律、比例、亮度、实的和虚的空间等的法则。"造型中的美是在变化和统一的矛盾中寻求"既不单调又不混乱的某种紧张而调和的世界。"

1. 对称与均衡

在美学中,对称和均衡是运用最广泛的内容之一。无论哪一方面的艺术创作都同对称或均衡有着直接或间接的关系。对称是指中轴左右侧形式完全相同,均衡则是指视觉上的稳定、平衡感。过于对称显示出了庄严、单调、呆板的性格,均衡则不同,它追求一种变化的秩序。对称与均衡法则在某种情况下有不同的适用性,关键还是在于设计者的适当选择与应用。

2. 对比与调和

对比是两者的比较,人们对于许多事物都有比较的想法。如美丑、善恶、大小等都显示了对比的法则。在造型中对比的目的在于打破单调,造成重点和高潮。对比的类别有明暗对比、色彩对比、造型对比及质感肌理的对比等。对比法则含有类似矛盾的现象,然而此种矛盾现象能够表达美感要素,正如黑白对比、方圆对比、大小对比所产生的美感,对比是从矛盾的因素中求得的良好效果。

调和是两种或两种以上的物质或物体混合在一起,彼此不发生冲突之意。调和是通过明确各部分之间的主与次、支配与从属或等级秩序来达到的。在视觉上有形式调和、色彩调和和肌理的调和,这是人类潜在的美感知觉。调和是庄严、优雅而统一的,然而调和有时也会产生沉闷单调及无生动感的效应。

立体设计为了形成一定的视觉显著点,多是巧妙利用某种不调和而产生一种美感的效果。

3. 节奏和韵律

节奏与韵律是指由于有规律的重复出现或有秩序的变化,激发起人们的美感联想。人们创造出的这种具有条理性、重复性和连续性为特征的美被称为韵律美。节奏和韵律在连续的形式中常会体现由小变大、由长变短的一种秩序性的规律。在设计中常用的处理方法是在一个面积或体积上做渐增或渐减的变化,并使其变化有一定秩序和比率,所以节奏和韵律与比例产生了关联。其形式有:

重复——以一种或几种要素连续、重复地排列而形成,各要素间保持着恒定的距离和关系;

渐变——连续的要素在某方面按某种秩序变化,比如渐长或渐短,间距渐宽或渐窄等,显现出这种变化形式的节奏或韵律称为渐变;

交替——连续的要素按照一定的规律时而增加,时而减小,或各部分按一定的规律交织、穿插而形成。

节奏和韵律可以加强整体的统一性,又可求得丰富多采的变化。

4. 比例和尺度

比例是形体之间谋求统一、均衡的数量秩序。比较常用的比例数有黄金分割比 1:1.618(图 2.28);此外还有一些常用的比例,如 1:1.3 的矩形,常用于书籍报纸;而 1:1.6 的比例用于信封与纸币;又如 1:1.7 的矩形,这个比例是柏拉图发明的,常用于建筑的门窗与桌面。其他的 1:2,1:3…也是经常能用到的。在立体设计时,无法作标准的比例分割也是常有的,不一定非遵守某条定则。

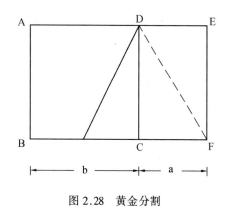

图 2.28 黄金分割

尺度则是指整体与局部之间的关系,以及其与环境特点的适应性问题,同样体积的形体,水平分割多会显高,其视觉高度要大于实际高度;反之,水平分割少则显低,其给人的感觉比实际尺寸小。因此尺度处理要恰当,否则会使人感到不舒服,也难于形成视觉美感。

二、拓展立体的表现力

1.量感

量有两个方面,即物理的量和心理的量。物理量是绝对值,是真实的大小、多少、轻重。心理量是心理判断的结果,是指形态、内力变化的形体表现给人造成的冲击力,是形态抽象化的关键。创造良好的量感,可以给立体带来鲜活的生命力。

2.空间感

空间感包括两个方面,即物理空间和心理空间。物理空间是实体所包围的可测量的空间。心理空间来自于形态对周围的扩张,是没有明确的边界却可以感受到的空间。创造丰富的空间感可加强立体的表现力。

3.尺度感

尺度不同于尺寸。尺寸是造型物的实际大小,而尺度则是造型的局部大小同整体及与周围环境特点的适应程度。通过不同的尺度处理,可获得夸张或亲切等不同效果。

三、立体创造的几种方法(形体构思)

为了使基本的几何形体如球、柱、锥体等变得更加丰富,可以通过变形、加法、减法来创造新型体。

1.减法设计

在做减法创造时,整体起着明显的主导作用。首先应把原型当作一个明确的整体,然后从中把一些局部除掉。减法设计是在基本形体的基础上进行分割、切削而造成新的形体,传达新的意义。具体手法有:

分裂——使基本形体断裂。一般可以采用简单分割,以直面或弧面对基本形体做自由分割,然后再以直面组合;

破坏——为了打破过于完整的基本形所做的人为破坏;

退层——使基本形层层渐次后退,打破呆板的外形,但应注意后退的尺度和比例;

切割移动——将基本几何体按一定的比例分割,再用这些素材进行重组,各部分间总有一定的模数制约,并且总体积是不变的。

2.加法设计

在做加法创造时,局部起着明显的主导作用。在使用加法设计时,由确定的单元组合为新的复合体,这些组合可以通过两方面来研究,即形体类型和相对关系。形体类型是指能分解整体的结构单位,这些单元可以进行重复、交替、渐变等;相对关系可分为堆砌和相贯两种。在使用加法设计时要注意以下问题：

组合体的一般规律是使用同一轴心；

形体应向四面八方伸展，并应均衡，注意各个视角都应有良好的视觉效果；

虚实相承，相互咬合，对比统一。

3. 基本形体的变形设计

通过将基本几何形体向有机形体的转化，可使其具有情趣性。

扭曲——可改变呆板的形态，使其柔和而富动态；

膨胀——内力加大，富有弹性和生命感；

倾斜——基本几何形体与原有位置出现一定角度，出现倾斜面或倾斜线，有动感及不稳定性。

变形处理应注意立体的整体统一性，并使变化的各个部分之间自然过渡。

第三章 行 为

随着科学技术的进步以及社会学、心理学、生态学、系统工程学等各种现代理论的发展和传播,传统学科间的隔阂逐渐被打破,相关学科在一定程度上得到整合。在这一前提下,设计的概念也正向更广义的范畴延伸。在 2000 年举行的国际建筑师协会第 20 届世界建筑师大会上,《北京宪章》提出了在"整体的观念"下的"广义的建筑学","人"和"环境"的概念得到了确认。在广义的设计定义中,像"设计是使人为环境符合人类社会心理、生理需求的过程"、"设计完成委托人的要求、目标,获得使设计师与用户均能满意的结果"、"设计是一种研讨生活的途径"等说法充分显示了"人"在设计中的地位,换言之,设计是为了更好地满足人类的需求,创造人类生活的创造性活动。

第一节 理解"行为"

既然建筑师的职责就是设计舒适宜人的人工环境,建筑师在"合理地组织物质空间结构、创造宜人的生活环境方面"的职责是毋庸置疑的,那么如何设计人们的生活场所、环境和空间呢? 在现代关于设计的方法论有很多,有的理论试图通过设计经验和依赖直觉解决问题,还有的理论将设计程序化,采取系统的方法进行规划与设计。

然而不论是什么方法和理论,我们设计空间或物品总是有一定目的性的,他们一定是为人们的使用服务的,在设计中必须考虑"人的行为"。在设计过程中,我们会很自然地考虑:使用起来是否方便,功能分区是否合理,流线是否交叉等这样一些问题。"行为"作为人与环境的联系,有着重要意义,因为人的行为和生活的发展始终是设计发展的源动力,而建筑师和规划师设计的环境又反过来影响着人的行为。在设计"以人为本"的今天,我们更强调人的感受,重视人的主体地位,行为也似乎得到了格外的关注。

一、行为与空间

通过前面的论述,我们知道了在建筑设计中行为的重要意义,建筑师在建筑设计中必须考虑行为。那么,什么是"行为"呢? 人的行为简单地说就是我们在每天的生活中都要做什么和怎样做。比如说,起床、洗脸、梳妆,然后用餐、上班……有些活动每天都相同,有些则不然,具有偶然性,例如,周末我们想和朋友小聚一下,偶尔也想独自一人听听音乐甚至发发呆。总之,我们每个人每天都要进行很多活动,简单的理解,这些活动就是行为。社会越进步,人的行为越复杂。不同人的不同行为又常常发生交叉,从而构成了看起来很复杂的社会生活。

我们的每一种行为都与物品或空间密切相关,空间与人的行为经常有直接的对应关系。例如洗脸时我们需要一个卫生间,里面有洗手盆、洗漱台、梳妆镜等(图3.1);吃早餐,我们至少需要厨房和餐桌(图3.2);上班,我们需要能到达办公室的便利、不会堵车的道路;聚会与独处的行为又会有截然不同的空间……

图3.1　某住宅卫生间　　　　　　　图3.2　某住宅厨房及餐厅

我们每天生活中的行为很复杂,通常一种行为的完成都伴随着另一种行为的发生,这也对应着空间环境的复杂性,此时行为与空间的对应关系也相当复杂。把握住行为变化的特点及相应的处理空间流线和空间布局,对于我们设计"适居"的空间环境很有意义。

让我们看一下今天的住宅平面(图3.3(a)),再与过去的住宅平面相对比(图3.3(b)),这其中有了很大的变化。相对而言,以前的空间构成更单一,住宅只要满足睡眠、就餐、卫生等基本的行为需要,就可以满足用户的要求。但现在则不同了,人们对空间的要求更复杂,对功能分区的要求也更严格。这是因为从20世纪50年代的解决温饱到今天的小康社会,我们的行为和生活方式发生了很大的变化。以前我们每周只有一个休息日,现在每周我们休息两天,所以我们更需要休闲一点的空间,一个舒适的沙发、电视、音响、VCD变得很重要,这在以前不是每个家庭都必备的;以前我们每周到公共浴池洗一次澡,卫生间基本不需要洗浴设备,现在我们希望每天工作一天以后能回家洗个澡放松一下;现在我们每天上网,通过网络与亲朋好友联系,所以需要电脑设备,这是从前没有的……总之,行为的改变决定了空间的改变。我们可以设想,在不远的将来,当网络发达到足以普及网上办公,那么家庭空间的变化将更大,SOHO方式的住宅形式有可能成为主导方式。当行为改变时,如果不改变空间与之适应,就会出现不舒适的环境。

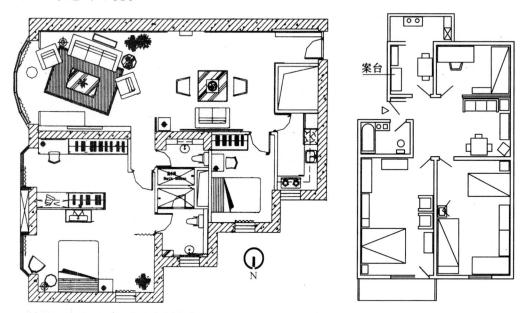

(a)2000年某住宅平面图　　(b)20世纪50年代某住宅平面图

图3.3　2000年与20世纪50年代住宅平面比较

　　城市的改变与城市规模的变化,也与生活在城市中的人的行为方式发生改变有关。随着人口的增多,生活方式的改变,人们对城市的要求也会发生变化。我们总觉得道路越来越窄了,这是因为街上的车变得多了,如果街道不适应这种改变,就会感觉不舒适。所以城市规划时,不单是要掌握将来人口的发展、设施数量的增加,更要把握居民生活意识的变化,要考虑可能的生活方式的变化。

　　在高品质、高效的生活中,人们的每项活动都方便顺利。设计的目的是创造适宜的物品或空间来满足人类各种行为的需要,设计者要充分考虑使用者对物质、空间、环境的需求,使设计体现出人的生活方式、行为和功能需求,以免使设计结果与人的行为走上异化的道路。

　　在我们现在生活的环境中,每天都存在空间与行为处理不当的情况。例如,图3.4是某居住区的外部空间,每天来这里的主要是老年人和儿童,老年人在户外的主要行为是休闲娱乐、锻炼身体、聊天交往,由于这里没有给这些老年人提供能打扑克的空间,老人们只有围着一个垃圾筐玩(如图 3.4(a))。这说明在设计这里的外部空间时,没有考虑使用的对象以及使用对象可能有的行为,所以出现了环境制约行为的情况。如果提供一个能够围坐的空间,就能满足空间中的行为(图 3.4(b))。像这种情况,我们在生活中经常遇到,也许我们已经习惯,因此,我们要认真观察在环境中人们的各种行为,分析行为处理不当的空间,反过来就可以获得设计上重要的合理因素。在环境设计时,满足人们根据自身的意愿选择行为的可能性,才能创造出生机勃勃、充满活力的环境。

因此,行为必须有足够的空间才能得到满足。如果空间与行为相悖,就会造成使用上极大的不便,甚至出现环境或设施遭到破坏的可能。

(a) 某小区外环境

(b)某小区外环境局部

图 3.4 小区外环境比较

二、行为的规律

既然行为与空间是相对应的,那么,要想设计好空间,首先要把握好人的行为心理。人的行为方式因个人经历、文化教育、家庭背景、性格特点等方面的差异,而有较大的不同,千变万化的行为形成了丰富多彩的世界。人的行为与环境是相互作用的,我们不可能把握所有人的所有行为,因此不可能为人类的所有行为提供必要的空间,空间的设计要尽可能地实现多样性和选择性。同时,掌握人的行为的规律性也能在一定程度上避免空间与人的行为相悖的情况产生。研究行为学的专家通过对大量人的行为进行调查研究发现,尽管不同的人的行为各异,但总的来说仍然会显示出一定的规律性。在这里举一些例子,让大家对行为的规律性有个初步的概念,以便在今后的生活中,注意观察人的行为,多积累经验。

1.抄近路

在到达目的地的过程中,如果不被限制的话,人们总是有选择最短路程的倾向,这就是抄近路。如果细心观察就会发现,我们上班、上学路线往往就是无意中选择的最近的道路。图3.5是从离学校最近的车站到学校的上学路线的选择倾向,大多数人选择了黑色箭头指示的道路。

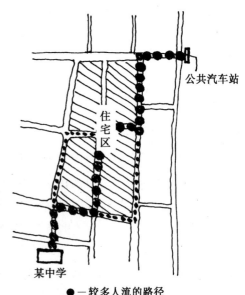

● —较多人流的路径
● —少量人流的路径

图3.5 日本某学者的研究

我们在生活中经常看到一片绿意浓浓的草坪遭到破坏的情况,尽管旁边立着"脚下留青"的牌子,如果无人看管,就一定会被踩出一条道的情况,被破坏的原因就是草坪通常截断了人们到达另一目的地的道路。斜穿马路也是抄近路的最好例证,人们通常不喜欢人行天桥和地道,因为这要绕道,总有被迫的感觉,在不被发现的情况下总会有人违反交通规则,冒着生命危险穿越马路。

这些情况虽然与使用者的道德水平有关,也有设计者的责任。在我们的设计中,如果较多地出现这种不符合人们"抄近路"心理的空间,就会遭到使用者的埋怨,甚至是空间设施遭到破坏,严重的还会引起不安全的因素。

2.识途性

我们可能都有过这样的经历。某一天,你的中学同学约你去他的学校,你从没去过那里,你按照他给你的地址去找他。你走在陌生的道路上,一路摸索而去。但回来时,你可能已经不用他送你,你会追寻着来路返回,这就是人的识途性。类似的例子还很多,当我们去一个以前去过的公园时,我们通常会选择与上一次相同的游园路线。

识途性是大多数人具有的一种本能,在"识途"的过程中,人要依靠嗅觉、听觉、触觉、动觉的帮助,借助色彩、形状等各种各样的提示。人的寻路能力来自对于外界环境的明确感觉所形成的连贯和组织。任何一个特定的形状,都会使观察者产生印象,因此,识途的前提是环境具有良好的可识别性,没有可识别性的环境就像森林和迷宫一样容易让人迷失。我们仍以前面的情况为例。我们之所以能在回来时认路,是因为我们在寻找目的地的过程中,不断地注意到了周围的建筑或标志物,我们受到周围人和环境的支持,地图、门牌号码、路牌、汽车站等指路设施给我们帮助。因此,印象是形成人的识途性的前提,印象是在人不断学习的过程中形成的。例如,很小的孩子在第一次从父母那里知道了街边那个挂着幌子的房子是饭店,再看到其他的幌子,他会告诉父母那是饭店,看到绿色的"十"字,我们会知道那是药店。这些标志有很强的个性,且易于识别,对这些特定标志的认识和记忆,就是我们能"识途"的基础。

美国人凯文·林奇在《城市的印象》一书中是通过对城市在市民的心理形成的印象来讨论美国城市的视觉质量,研究城市景观的可识别性。他指出"可识别性是城市构成的一个重要方面","一个可识别的城市就是它的区域、道路、标志易于识别,这一切又组成整体图形的一种城市"。环境印象是观察者与环境之间相互作用的产物,环境提示了特征和关系,清晰的印象便于人们行动,无论是去上班上学、探亲访友还是购买商品。"有秩序的环境就更为便利,它可以成为一种普遍的参照系统,一种行动、信念和信息的组织者。"林奇在书中列举了反映印象要素的形式类型的例子,并把城市印象分为五种要素,即道路、边沿、标志、结点和区域。

由此可见,识途性是人的本能,我们在环境设计中,要把握可识别、易于形成印象的事物和空间。

3.向光性

人的行为有明显的向光性。在通常情况下,人有向光亮处移动的倾向。这一点可能从出生的婴儿就有反应,婴儿从睁开眼睛的一瞬间就能把目光向光亮处移动。关于向光性在我们的日常生活中有很多,比如入大学时,我们都希望分到一间阳面的宿舍,在住宅中更希望居室是阳面,这是因为阳面的房间光线充足,给人的心理感受更好一点。

人们在户外活动也有明显的向光性,如果我们观察人们的活动,可以看到,

除了在炎炎的夏日,人们大多喜欢在阳光下活动,老年人尤其如此。图 3.6、3.7
是某个外环境较好的小区里的情景,从图上我们可以看出与完好的设施相比,
阳光对人更重要一些。

图 3.6　某小区户外晒太阳的老人

图 3.7　某小区在户外"找阳光"的老人

　　我们在设计环境时就要考虑人的向
光性的特点。例如,在设计住宅时,尽可
能把有人常活动的空间放在朝阳的方向
上,而把一些辅助用房放在阴面。在设计
外环境时尽可能多设计一些朝阳的活动
空间。亚历山大在《建筑模式语言》中提
出的第 105 种模式是"朝南的户外空间",
他指出"如果空地朝阳,人们利用它;不朝
阳,人们不利用它,在除沙漠以外的所有
气候条件下情况都是如此。"如图 3.8、
3.9 所示。

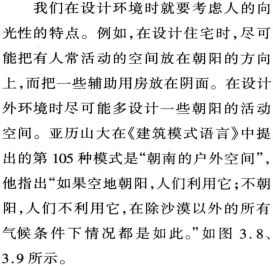

图 3.8　令人喜爱的朝南户外空间

　　上面列出的是人的行为的一些规律。
当然这不是全部,这里仅为方便大家理解
人的行为而举出几个例子。行为学家在
研究中还得到许多人群的行为规律,例
如,人在非常时候的躲避和从众性,这些
我们会通过今后更多的专业学习进一步
接触。

　　总之,作为建筑学和城市规划专业的
学生,我们要善于观察生活中人的行为,
发现其中的规律,让设计更好地为人服

图 3.9　朝南的户外空间

务,使建筑设计成为真正的"人"的科学。

第二节 考虑"行为"

前面谈到的是一些我们对于人的行为的简单的理解,那么在空间与环境设计中,有哪些地方要考虑到人的行为呢? 具体地说,主要体现在以下几个方面。

一、功能

功能是在设计中考虑人的行为的具体体现。任何有使用需求的设计行为,像产品设计、建筑设计、环境设计等都有别于纯粹的艺术,设计作品必须满足一定的功能,要符合使用者实际的需求。因此,达到功能要求,是最基本的要求,是任何设计作品成功的先决条件。设计作品时我们常常追求创新与变化,但是任何创新和变化的前提是必须满足它的功能要求。

如果是一个比较简单的产品或家具的设计,对功能的考虑也相对简单一些。比如,设计一盏灯就要考虑在什么场合用,根据使用用途而决定亮度。设计一个坐具,就要满足人能舒适地坐在上面的要求。一个好的坐具,不仅要有好看的造型,最重要的是要坐着舒适。因此,座面的宽度要符合人体的要求;靠背的高度要比颈部高一些,并且有一定的倾斜度才更舒服(图 3.10、3.11)。

图 3.10 密斯设计的巴塞罗那椅

图 3.11 密斯设计的金属藤椅

建筑中元素的设计也是如此,举一个建筑元素的简单例子:门。门是作为进入建筑物以及建筑物内各空间进出的枢纽。对它的基本要求是能够方便地进入,要容易使用,如开门与关门的形式、把手的位置大小等,都要合乎"作为一扇门"的基本功能。在设计时,门的使用方式应很容易被识别出来,如果我们设计的门使人近前时不知所措,那我们的设计是失败的。

建筑设计与城市设计也首先要符合功能的要求。在第一章中,我们已经了解建筑可以看做是从属于艺术领域的,同时它还具有科学性和工程性。建筑与大部分的艺术学科如绘画、音乐、雕塑、戏剧、舞蹈等最大的不同在于建筑必须顾及它的实用性。

下面就谈谈建筑的功能方面的问题。

2 000多年以前,罗马伟大的建筑家维特鲁威在论述建筑时,就曾把"适用"作为建筑三要素之一。在各个历史时期,功能在建筑中所处的地位始终得到重视。

《老子·道德经》中有"凿户牖以为室,当其无,有室之用,故有之以为利,无之以为用。"这句话在建筑史上有着深远的影响,它既说明了在建筑中空间的意义,同时也说明了设计建筑时"用"的重要性。他告诉我们人们要使用建筑的空间,空间是有一定的功能的。柯布西耶把房屋比做"居住的机器",就是说,就像机器能生产东西一样,房屋首先要能居住。到了近代,随着科学技术的发展和进步,为了适应新的社会需要,功能再一次被强调,功能主义的现代建筑思潮的影响占了主导地位,美国建筑师沙利文提出的"形式追随功能"的看法,正是强调功能的重要性。在近现代,尽管建筑的其他方面,如形式、文化等不断被强调,但不可否认的事实是:"形式追随功能"这句名言对近现代建筑发展的影响是巨大而深刻的。

建筑所要满足的功能相对产品、家具和建筑元素来说要复杂一些,在设计过程的各个阶段中都要考虑。

1.建筑的用途

功能首先表现为要满足使用要求,任何空间必须从大小、形式、质量(如温度、湿度、亮度等)等方面满足一定的用途,使人能够在其中实现行为。对不同的建筑类型考虑功能的程度也不同,例如,住宅、餐厅等(图3.12)因使用对象与使用者的行为比较简单,对功能的考虑较容易。而综合楼、医院、机场等建筑(图3.13、3.14),因为其中的行为较复杂,对功能的考虑也变得复杂。

一栋建筑中的各个房间也因功能要求不同而有差别。以简单的住宅单元为例:一户住宅单元至少要包括供休息和生活起居用的卧室;接待客人和自家人娱乐的客厅;烹调做饭用的厨房;盥洗浴厕用的卫生间;供存放衣物用的贮藏间等。为了适应不同的使用要求,这些房间无论在大小、形状、朝向和门窗设置上都应当各有不同的特点和形式。

从大小上看,在这些房间中客厅和卧室相对大些,这是因为人的主要活动都集中在这里,厨房和卫生间则相对小一些。当然,随着社会的发展这也会有变化,现在的一些高档住宅也有很大的厨房和卫生间,这也是由行为决定。一套低标准住宅和一栋豪华的高标准住宅,其卧室的面积相差甚远,他们对功能要求满足也不一样。

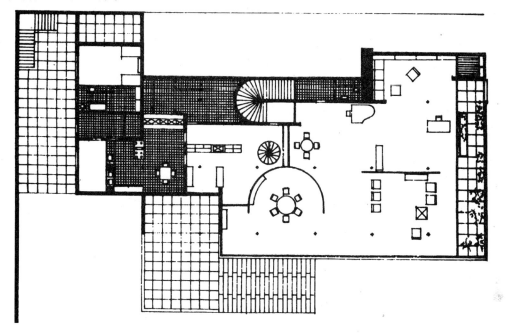

图 3.12 范斯沃斯住宅平面图

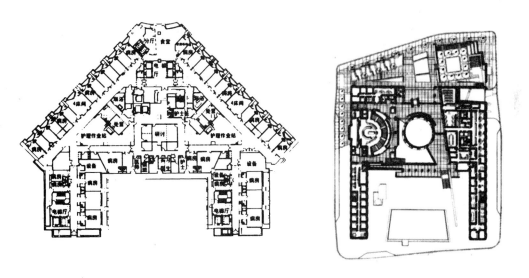

图 3.13 东京大学医学部附属医学中心住院楼平面图　　图 3.14 加拿大卡琴纳市政厅平面图

　　从形状上看,卧室和客厅为了适合摆放家具和满足其中的使用要求,房间的形状要具有较大的灵活性,不宜过于狭长,如果房间的长宽比超过 2:1 就不大好用了。厨房的要求相对低一些,由于功能比较单一,若烹调设备设置得巧妙,狭长或形状不规则也可以满足使用要求。

　　还要考虑物理性能。首先,从卫生的角度,经常使用的客厅和卧室尽可能地设在南向,而厨房、卫生间和楼梯间等房间可设在北向;卧室和客厅的开窗面积也应当大一些,以利于获得充足的采光和通风。其他如厨房,由于仅供个别人活动,门和窗都可以相应地小一些,但也要保证必要的通风和采光要求。至于卫生间的门和窗则可以更小,满足最低限度的要求即可。此外,还有采暖等方面的要求。

从以上的分析中可以看出:即使是功能最简单的住宅单元,各房间就有很多的差别。这种差别就是从功能来的,就一个房间而言,如果它在大小、形状、性能等三个方面都能适合于功能要求,它就能基本上满足人的行为需求,应当说房间是适用的。对于各种其他类型的建筑,在确定建筑规模、房间面积、房间形状和配置时,也必须充分考虑使用功能的要求。不同的建筑功能在设计时是有不同的考虑的,这在下面的章节以及以后的学习中会逐渐地深入。

就房间的功能要求来讲,还有开门的问题。门的大小、宽窄、高度主要取决于人的尺度、家具设备的尺寸以及人流活动的情况。门的数量主要取决于房间的容量和人流活动特点,容量越大、人流活动越频繁、集中,门的数量则越多。至于开门的位置,则应视房间内部的使用情况以及它与其他房间的关系而定。

以上是简单地从一个房间的用途的角度来分析建筑的功能性问题。

2. 建筑的动线

使每个单一的房间分别适合于各自的功能要求,仅仅是使建筑功能合理的第一步。因为建筑都是由几个、几十个、成百上千个房间组成的,人在建筑中不可能把自己的活动限制在一个房间的范围之内,房间之间是互相联系的。使用者从一个房间移动到另一房间或从室内移动到室外的路线,在建筑术语上称为"动线"。

由于建筑物在功能上要满足人们在其中的活动,如何使人们能在建筑物内外,以及建筑物内各个空间中顺畅地流动,是建筑功能的基本考虑之一。在一般情况下,一幢建筑的主体部分空间组合形式和房间位置的安排,基本上都是根据该建筑的主要使用者的行动路线决定的。按照合理的动线组织的空间关系是符合人的行为及活动的,它能将建筑物内部以及建筑物内外的所有的空间合理地组织起来,形成便于使用的空间,最终的目标是要建造不但可用而且好用的建筑与城市环境。从另外一个方面说,动线设计能够有效地引导人流方向,使人感受空间的转换。比较好的实例是巴塞罗那展览馆德国馆(图3.15)。

动线合理是功能合理的一方面。要设计合理的动线,必须把握行为的规律,设计中要考虑大多数人行为的倾向性,使们进的路线容易形成重复的轨迹,有效地引导人的活动,从而表现出动线的特征。例如,人在建筑物入口处有停留的可能,因此门厅处一般要留出足够的逗留空间;在建筑内转弯处容易形成人流交叉,在空间设计上要有良好的导向性等。

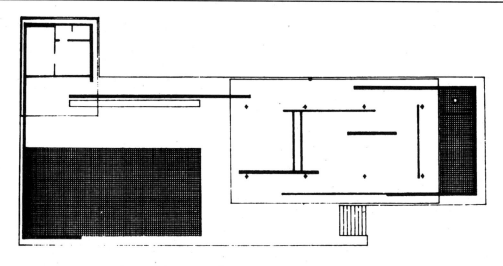

图 3.15 巴塞罗那展览馆德国馆平面图

总的来说,我们需要认识到,为了创造合理的动线,一个建筑必须功能分区明确、交通路线清晰。一般情况下,一幢建筑物的各个房间的性质和功能总会有一定的联系,在组织空间时要全面地考虑各房间之间的功能联系,按照功能联系组合房间,必须根据建筑物的功能联系特点来选择与之相适应的空间组合形式(图 3.16)。交通通常是进入建筑的路径以及建筑内部各房间的联系部分,在功能分区合理的基础上,清晰的交通要具有良

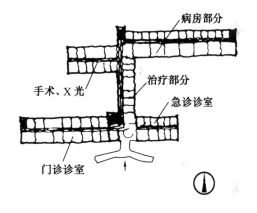

图 3.16 某医院建筑功能分区图

好的导向性,避免人流交叉,避免设计造成的人流混乱。关于如何形成建筑与环境中的动线,这是很复杂的问题,设计手法也灵活多变,我们将在今后建筑设计课程中陆续学习。

3.基地组织

此外,建筑的功能问题还有与基地环境的配合与组织。建筑所处的环境不同,做出来的设计是不同的,水边与山边的设计绝不相同。就像我们如果设计一个家具,必须考虑这样家具摆在什么样的房间里,如果把一个躺椅放在办公室中那是极不合适的,同样在客厅里摆一把老板椅也会显得很不协调。

建筑是人工的环境,人工环境存在的基础是它与自然环境以及与其他人工环境的高度统一,浑然一体。赖特的流水别墅就是因为它的宛若天成而至今为人称颂,见图 3.17,伍重的悉尼歌剧院也因为仿佛是海上本来就存在的一只大鸟而被沙利文选中(图 3.18)。故宫之所以引人瞩目,单体建筑的技术是一方

面,建筑群体所创造的辉煌气势恐怕更有影响力。针对不同的建筑要考虑朝向、风向及日照等因素,充分利用地段的有利因素,同时化解不利因素,形成建筑与自然的和谐关系。任何建筑只有当它与环境融合在一起,并和周围建筑共同组合成一个统一的有机体时,才能充分地显示出它的价值和表现力(图 3.19、3.20)。

图 3.17　赖特的流水别墅

图 3.18　伍重的悉尼歌剧院

图 3.19　哈佛大学视觉艺术系卡朋特中心　柯布西耶(Le Corbusier)

图 3.20 六甲集合住宅 安藤忠雄

总之,建筑的功能组织是一个复杂的体系,需要综合考虑多方面的因素。

二、尺度

在设计中要考虑的与行为有关的另一方面就是人体尺度。既然设计要为人而用,人是建筑设计中永恒不变的主题,那么空间的形状与尺寸应该与人的身体相配合,所以人体尺度是设计的重要依据,是设计中的基本尺度单位。

其实人们对人体尺度开始感兴趣并发现人体各部分相互之间的关系,要追溯到 2000 多年以前。公元前 1 世纪罗马建筑师维特鲁威(Vitruvian)就已从建筑学的角度对人体尺度作了较完整的论述,按照维特鲁威对人体各部尺度的描述,在文艺复兴时期,达·芬奇(Leonardo da Vinci)创作出了著名的人体比例图(图3.21)。后来的人体测量学的发展帮助了建筑师和室内设计师,将人体测量学得到的人体尺度应用到整个建筑设计和室内外环境设计中去,有利于提高人为环境的质量,以使人们能够在舒适、合理的环境中生活、工作和娱乐。

前面说的在功能上满足使用要求,首先就是要满足人体的尺度。家具和空间的尺度的确定是以人体以及交往等行为发生时所需的尺度为基础的。环境是为不同身体尺寸、重量、年龄的人使用的,因此要考虑的对象是变化的,通常

我们取一个标准值(图 3.22)。然而在设计
操作中,多大的尺度能满足使用功能是一个
很难把握的问题,因为它涉及是否舒适的问
题,而关于舒适度的描述有很大的主观成
分,因此是很难的。以一个坐具为例,什么
样的尺寸合适? 首先它的座面要能坐得进
去,这是最基本的要求,要能比较宽松地坐
在上面,这才算满足了"坐"的功能,功能不
同的工作、就餐、休闲沙发就有不同的座面
尺寸(图 3.23)。靠背多高合适呢? 短暂坐
的和要长时间使用的在尺寸上就不相同。
这是没有标准的,需要我们去调查和体验,
从而积累经验。

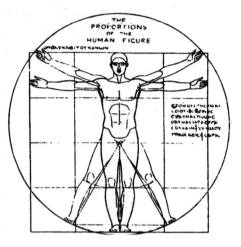

图 3.21　标准男人图

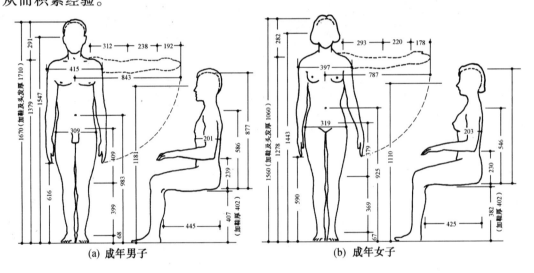

(a) 成年男子　　　　　　　　　　(b) 成年女子

图 3.22　人体尺度(基本尺度)

除了这些基本尺度以外,还有行为尺度。因为在很多情况下,我们的行为
不是一个人完成的,需要与他人发生联系。例如,我们在走廊走过时,与对面的
人擦肩而过,此时走廊的宽度需要至少得容得下两个人拎包通过,那么至少要
有 1 100 mm。又如,你和朋友在校园里交谈,此时,你们面对面的距离又是多少
合适呢? 这需要我们平时多观察、测量和积累。

总之,我们首先要掌握人体的基本尺度,这是可以把握的。在此基础上,多
调查了解适合行为尺度的空间,这时的尺度不能仅仅满足使用(极限空间,如宇
宙飞船和空间站除外),它必须让人感觉到舒适,同时也不能过于宽松,那会造
成不必要的浪费。

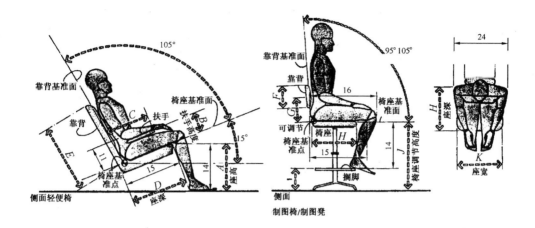

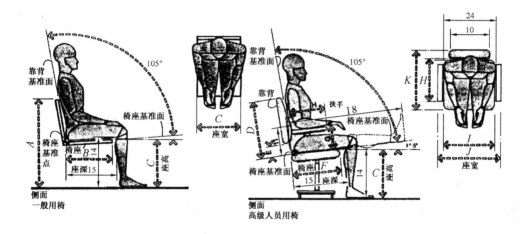

	in	cm
A	16~17	40.6~43.2
B	8.5~9	21.6~22.9
C	10~12	25.4~30.5
D	16.5~17.5	41.9~44.5
E	18~24	55.7~61.0
F	6~9	15.2~22.9
G	10 adjust	25.4 adjust.
H	15.5~16	39.4~40.6
I	12 max	30.5 max.
J	30 adjust	76.2 adjust.
K	15	38.1
L	12~14	30.5~35.6

	in	cm
A	31~33	78.7~83.8
B	15.5~16	39.4~40.6
C	16~17	40.6~43.2
D	17~24	43.2~61.0
E	0~6	0.0~15.2
F	15.5~18	39.4~45.7
G	8~10	20.3~25.4
H	12	30.5
I	18~20	45.7~50.8
J	24~28	61.0~71.1
K	23~29	58.4~73.7

图 3.23 不同使用的坐具尺度

三、领域

与人的行为有关的另一个方面就是领域感的问题。

在自然界中动物单个、成对或群组控制着一块领地,以获得适当的食物,他们时刻防卫着、保护着自己的领地不被侵犯。人和其他动物一样,从心理上很需要"势力范围",这个"势力范围"就是领域。我们已经讨论过,我们平时的任何行为,都相应地需要一定的空间,这个空间受到该空间构成因素(墙壁、柱等)配置的影响。简单地说,当我们处在一个空间时,墙、柱甚至是家具等界面就构成了我们行为的领域。例如,夏天当你和家人去野外郊游时,你们在地上铺了一块塑料布,这块塑料布就构成了一个领域。你不会希望陌生人在未经你的许可下踏上这块塑料布,这是比较典型的领域的例子。与动物不同的是当个人的领域被侵占时,人的防卫反映不一定是激烈的争夺,通常的表现是不舒服的心理感受。

1.领域的作用

人类的领域行为在人的心理上有安全、自我认同与有管辖范围等作用。

(1)安全。安全恐怕是人的心理上具有防卫性的最本能的反映,而领域往往能提供这样的作用。领域说明每一"个体"在他所处的空间中的统治的地位,比较通俗的理解就是我们常说的"属于自己的空间",我们在属于自己的空间中不希望被打扰。这种安全感的比较典型的例子是北京四合院的影壁和许多住宅入口处的玄关,它们都是住家的界限,是一个家的起点,有一种心理上的防卫意义。图 3.24 是入口处的比较好的实例,矮墙既提供了较好的户内外的联系,也从心理上界定了户内的空间,具有安全的感受。

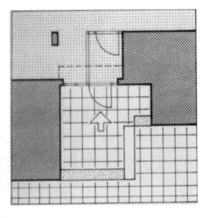

图 3.24　某住宅入口

(2)自我认同。自我认同就是空间所具有的特色,也就是个性化特征,也是为使其同类明白他占有领域的范围。在群体中表现出自己的特色,是人类具有的一种强烈的感情,这种特色是同其他领域区别的基础,是个体在群体中认识自己的体现。历史上各地区文化与建筑特色是很鲜明的,而近代正在消失,现在关于这一话题又开始复苏。

赫曼·赫茨伯格在《建筑学教程》一书中写道:"每一空间的特征,很大程度上取决于谁决定这一范围的陈设和布置,谁监管这一空间,以及谁负责或谁感到对它负责。"他在书中举了比希尔中心办公大楼的例子,在这幢大楼,人们用自己喜欢的色彩、盆花和物品,安排自己的办公空间,使他们个性化。

(3)管辖范围。前面说了,人类和动物一样,当他们处在空间的时候,往往需要势力范围,领域就是管辖范围的表现。当你忙碌了一天,坐到一把休闲椅上时,你已经拥有了最小的管辖范围;再大一些,你和朋友围在沙发旁,这时沙发就是你们的管辖范围;专用教室是一个班的势力范围……再往大,城市的边界是生活在这个城市中的人民的管辖范围,它不容侵犯……管辖范围实现了安全性,管辖范围又需要自我认同感(图 3.25)。

2.领域的层次

关于领域的层次有很多种分类。在设计中,领域的组织也是比较复杂的系统。组织好领域的层次才能保证人在环境中的行为都能获得较好的心理感受。为了便于理解,参照李道增先生在《行为建筑学概论》中的分法,从下列三个空间层次上给大家简单介绍一下领域行为。

图 3.25 比希尔中心办公大楼的个性化空间

(1)微观环境领域,是最小的领域范围,主要是个人空间。个人空间是个人占有的围绕自己身体周围的一个无形空间,不希望受到别人干扰。一个座椅、一张办公桌、一间私密性的房间……都可以被认为是个人空间。

关于个人空间,每人都有亲身体验。比如在食堂吃饭,只要有空桌,我们一般会选择没有人的桌子,这一点在很多调查中都得到了证明(图3.26)。这些情况说明,每个人都积极地防卫着自己的身体与个人空间,一般地说个人空间需要较好的私密性。

图 3.26 个人空间的行为示意图

个人空间领域依实际情况变化,具有不同的文化背景、年龄、社会地位、心理状态的人所能接受的个人空间的距离是不同的。个人空间的合理距离是两个人之间进行交流的最合适的距离。掌握个人的空间定位,即把握人们在空间里的分布,可以通过现场观察去获得。如果对广场、公交车站站台、教学楼走廊、校园等地的等候行为与休息行为进行观察,便可获得分布情况。在亚历山大的《建筑模式语言》中,根据一些实际的情况,总结出很多人们喜爱的个人空间的例子(图3.27)。

(2)中观环境领域。中观环境指的是比个人空间范围更大的空间,可能是个人的,也可能是群组的、小集体的,属于家庭基地与邻里的……在此领域内大部分时间用于食宿等日常生活。家、邻里、邻居是中观环境领域。这一层次的领域实现了人走出个人空间与他人的交往,同时,相对更大的领域范围而言,它有鲜明的个性和防卫性,有很明显的边界,表明这个区域的个体或群体对该领域的控制性。典型的例子是北京的四合院。

(3)宏观环境。宏观环境指离家外出活动的最大范围,属公共空间,交通越方便,这个范围越大。但个人在城市中并非遍及各地,通常也只限于一定的范围。宏观环境领域的范围更大,如广场、商业中心等,再大到整个城市。这里要指出的是,这些领域层次是以人的行动范围划分的,但是这个层次是相互渗透的,例如,在中观环境和宏观环境中存在着微观环境。

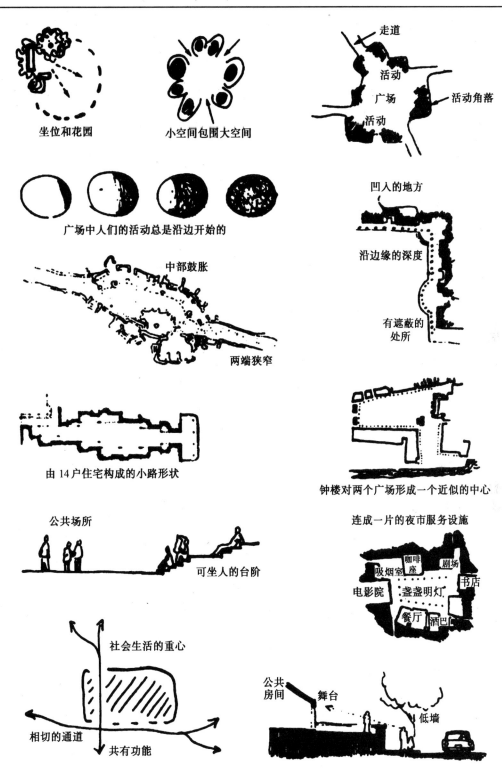

坐位和花园

小空间包围大空间

走道

活动

广场

活动角落

活动

广场中人们的活动总是沿边开始的

凹入的地方

沿边缘的深度

有遮蔽的处所

中部鼓胀

两端狭窄

由14户住宅构成的小路形状

钟楼对两个广场形成一个近似的中心

公共场所

可坐人的台阶

连成一片的夜市服务设施

咖啡座

吸烟室

剧场

电影院

盏盏明灯

书店

餐厅

酒巴

社会生活的重心

相切的通道

共有功能

公共房间

舞台

低墙

图3.27　人们喜爱的个人空间的例子

第三节 "行为"的实现

前面两节对环境中的行为进行了一个初步的介绍。然而在环境设计中,如何保证行为的实现才是我们的最终目的。实现行为的过程,也就是设计的过程。本节将就设计中一些实现行为领域有关的方面进行简单的讲述。

一、形式

行为空间的实现是通过一定的形式表达的。简单地理解,就是我们要实现的空间必须有一层外壳,没有这层外壳的围合,空间也不存在了。简单地说,这层外壳的样子就是我们这里要说的形式。在设计中,功能很重要,实现功能的这个外壳也很重要。因为设计一件产品也好,设计一个建筑也好,它不仅是一件实用的人造物,还有美感上的考虑,它更是一件艺术品。形式就是跟美学有关的因素。

还是以坐具为例,一把椅子在满足"坐"、"扶"、"靠"的行为要求的同时,还要有较好的视觉效果,在图3.10中密斯设计的椅子就具有较好的视觉效果,好的外观成为实现行为的令人赏心悦目的媒介。

建筑中的元素仍以一扇门为例。在设计一扇门时,除了考虑上面说的功能外,我们还要考虑它的美感,这包括门本身的造型、颜色、质感等因素,还包括门与整体建筑物的搭配。在设计中我们要综合考虑建筑的功能、美感与含意。例如,有些门要表达"欢迎光临"的意象,有些却要表现"闲人勿进"的意思,门所能体现的含意也是设计者考虑的主旨之一。

建筑的功能与形式是统一的。功能既然作为人们建造建筑的首要目的,理所当然的是构成建筑内容的一个重要组成部分,为此,它会左右建筑的形式,关于这一点是确定无疑的。但有时功能和形式之间又存在一定的辩证关系。建筑形式上的考虑主要是元素间的"统一",以便形成有利的群体感;通过元素之间的"变化",避免单调与乏味;还要顾及"尺度"以便与周围环境及使用者搭配;要注重"比例"以便成就自身的美;另外入口"色彩"、"质感"、"重复"、"韵律"、"平衡"等要素,也是建筑在美感与艺术上重要的条件。

实现我们想要表达的形式,需要一定有质感的材料和有特定心理感受的色彩的协作。

1.材料

我们在设计一个家具或建筑的形式时,必须借助材料来表达设计意图,创造一种特定的心理感受,这是因为不同的材料具有不同的质感和肌理。

我们可以客观地描述质感,例如,面料的柔软、石材的坚硬、玻璃的光滑、混凝土的粗糙。我们还可以说出一些材料的感受,比如木质材料感觉温暖,钢铁的感觉是冰冷。

材料表面的肌理也能给我们不同的视觉感受,如粗糙的、光滑的、软的、硬的、有花纹的、无花纹的……

我们可以选择不同的材料表达自己的设计意图。例如,在设计坐具时,如果想使坐具看起来柔软、舒适,可以选择布料或皮革;想表现温暖亲切的感觉,可以选择木材。在建筑设计中也是一样,不同的材料具有不同的心理感受(图3.28~3.30)。

图 3.28　以红色砖墙为主要材料的建筑

图 3.29　以玻璃为主要材料的建筑

图 3.30　以白色金属为主要材料的建筑

2. 色彩

　　我们借以表达设计感受的另一个重要手段就是色彩。我们在很小的时候就能说出来天是蓝的,火是红的,树是绿的……不同的色彩能产生不同的心理和生理上的感受。在这方面,很早就有心理学家做过试验。暖色能产生温暖感,冷色能产生寒冷的感觉,红色能使人兴奋,绿色使人冷静,桔色能增进食欲……

　　色彩常能表达出很强的个性,明亮的颜色显得奔放,灰暗的颜色会给人沮丧的感觉。在建筑与环境设计中,色彩常与材料相联系。如图 3.28 的建筑,让人觉得亲切,有历史感,图 3.29、3.30 的建筑让人觉得现代、冷峻。

二、结构

　　要形成一定形式的功能的产品或建筑,结构是很重要的,必须通过一定的结构和构造建立起来。没有结构和构造的支持,任何想法都会成为空中楼阁。

　　一个坐具要让人放心、舒服地坐上去,一个基本的条件就是它必须足够结实,承受“坐”和“靠”的结构必须足以支撑人体的重量,各节点的连接构造必须坚固。

　　建筑更是如此。我们如果见过工地里盖房子的就会知道,要保证安全,就必须有很好的结构。从某种意义上说,结构工程师在一幢建筑中承担着更大的风险。一个不考虑结构的建筑师不是一个好建筑师。我们前面说的建筑功能和形式也是由不同的结构系统来实现的,通过梁柱、桁架、摺板、薄壳、缆索等配合特殊的需求,得到最合理的结构体(图 3.31)。此外,结构系统也经常由于设计的周详而与美感紧密相连,例如,前面提到的伍重设计的悉尼歌剧院,如果没有结构工程师的艰苦工作是不可能有这个惊世之作诞生的。

图 3.31 大跨度的多功能厅

总之,各方面是要综合考虑的,要使一个设计体现行为的需要,我们必须在设计上考虑方方面面。仍以上面的门为例,要使一扇门运作成功,它的结构方式也是必要条件,例如门本身的框架结构以及与墙交接的铰链等等。一个坐具,要能够提供人"舒适地坐"的功能,必须选用坐上去很舒适的材料,以适当的结构形式连接,在此基础上创造一种令人愉悦的外形。这也是密斯设计的椅子一直为人们所推崇的原因吧。

第四章 内部空间

第一节 空间的概念

伴随着人类文明的进步,人们总是不断地进行着有目的地征服自然、改造自然的活动,以满足不断提高的物质和精神生活需要。其中,建造建筑一直是人类生产、生活活动的主要目标之一。原始人为了挡风遮雨,防暑避寒,抵御野兽侵袭,需要有一个赖以栖身的场所,他们便使用树枝、茅草和泥巴等材料搭起简陋的窝棚,这就是建筑的起源。自古至今,建筑的形式一直在不断演变,建筑的类型越来越丰富,建造建筑的技术手段也越来越高超,但无论是古代的宫殿、庙宇,还是今天的学校、医院、办公楼、住宅、商场、展览馆,人类之所以要花费大量的人力、物力来从事建筑活动,归根结底就是为了创造可以容纳某种特定人类活动的场所——空间,也就是说,获得可以利用的空间一直是建造建筑的最根本目的,这一点有史以来从未改变过。

一、空间在建筑中的意义

意大利建筑师奈尔维曾说过:"建筑是一个技术与艺术的综合体",这说明建筑有从属于艺术的一面。而艺术除了建筑这个门类之外,当然还有其他门类,如绘画、雕塑、音乐、诗歌、戏剧、电影等。每种艺术门类能够独立存在,说明它们都拥有区别于其他艺术的本质特征。绘画是一种用线条和色彩来表达的平面艺术;雕塑是一种立体造型艺术;音乐是一种声音的艺术;诗歌是一种语言文字艺术;戏剧是一种舞台表演艺术;电影是一种综合利用影像和声音进行时空再现的艺术。对于建筑来说,它与所有其他艺术的区别,就在于它具有的将人包围在内的三维空间。绘画所使用的是二维平面语汇,尽管所表现的也可能是三维景像,但它是用二维的手段来表现三维景像。雕塑是三维立体的,但对于绝大多数雕塑来说,人们都无法进入其内部,并且雕塑是与人分离的,人是从它外面来观看它的,而建筑则像一座巨大的空心雕塑,人可以进入其中,并在行进中来感受它的效果。

当然,人们观看建筑,首先看到的是建筑的外部形象,是用砖、石、混凝土等建筑材料搭建起来的实体体量,而空间本身是非物质的,是虚无的,人们不可能直接看到空间。但我们应该认识到,人们之所以用实体材料建造建筑,根本目的是要利用实体材料限定出可为人所用的建筑空间。我国古代哲学家老子曾有这样一段话:"埏埴以为器,当其无,有器之用,凿户牖以为室,当其无,有室之用……",意思是说不论是容器还是房子,具有使用价值的是空间部分,而不是限定空间的实体。这段话精辟地阐明了空间是建筑的"主角"。

二、空间的定义

了解了空间在建筑中的意义,那么我们应该怎样认识建筑空间呢?

1.建筑空间是一种非物质要素

建筑空间是人们在无限的自然环境中用物质包围起来的人工环境,人们在建筑空间中主要通过视觉感受到空间的性质。住宅的卧室、学校的教室、医院的病房、办公楼的办公室、体育馆中的比赛厅……这些人工环境都是以可以满足一定人类需求的空间形式出现的。一个房间就好像由墙面、顶棚、地面等实体形成的盒子,实体是房间的"外壳",它所装的内容则是内部空间,空间具有大小、形状、比例和开敞程度等基本属性,这些属性决定着空间的性质。然而空间本身是虚无的,人们无法直接对空间进行感知,只有在看到由实体要素形成的围合空间的界面后,才能间接感受到空间的存在。因此,从界面入手来认识建筑空间,可以把空间的问题具体化。

界面作为围合空间的要素,在建筑中普遍存在。空间的大小、形状、比例关系都是由实体界面的相对位置来决定的,空间的开敞程度从另一个角度来看也正是实体界面对空间的围合程度。作为空间起源的界面在概念上是可以独立的,而在现实生活中却不能单独存在,它总是依附于某种具有一定体积、一定重量、一定强度和材质等物理指标的物质实体。因而在设计过程中,对界面的处理又总与实体要素联系在一起。如何利用实体的体积、质感、色彩、亮度等特征来对其限定的空间环境产生影响,就成为建筑设计的重要内容之一。另外,界面作为空间外在形式,它将人们抽象的设计意义转化为具体形象,反映于设计者的设计意象之中,成为一种既有符号与象征意义,又有物质功能的媒体,使它所围合的空间环境具有了特定意义,强化了空间环境气氛,从而把对建筑空间的研究引入到艺术和心理学领域。

2.空间在形式上表现为一种三维存在

空间需要人在连续的运动中去进行历时性体验。空间感是建筑的基本特性,从一幢单体建筑内部的房间到城市的街道、广场、里弄、公园、游乐场,凡是经过人为围合和限定的空的部分,就是一个被包括起来的空间。每一个房间都可以从长、宽、高三个方向上来量度,也就是说,建筑空间在客观上是以三维立体的形式存在的。建筑师对空间进行设计构思也应该从三维立体的角度着眼,来设想建筑的空间效果。然而,由于受到表达方式的限制,当人们设计房屋时,只能提供以平面、立面、剖面为主的三视图。换句话说，要把限定和分隔建筑空间的各个垂直和水平面，如地面、顶棚、内外墙等分别加以表现。建筑的平面，只不过是所有墙壁在一个水平面上的一种虚拟的投影图，建筑的立面和剖面同样也是建筑在其他角度的投影表达，其实质是用二维表达三维，用平面表达立体的一种手段。由于三视图具有可以量度，且可以按比例缩放的特点，能够满足施工定位的需要，因此，平、立、剖面图成为目前建筑设计图纸的最主要组成部分。

人置身于建筑内部，主要依靠视觉看到空间的各个围合界面，并借助于界面上的彩色、质感、图案等特征来感受空间的性质，人对空间的感受主要是一个视觉问题。考虑视觉问题时，就必须涉及观察者的视角、视高、视距以及光线这几种因素。显然，人在建筑中的观察视角不同于看平面图纸，观察到的影像总是呈现出透视感，并且随着视高和视距的变化，墙壁、顶棚、地面等空间围合面在视网膜上成像的面积比例和成像范围也不断发生变化。空间中光线的强弱和质量又决定着观察者视觉影像的清晰程度和显色性。这些都是人们感受空间效果的决定性因素。除视觉方面外，空间中声音、温湿度、空气质量等其他物理指标也会对人的空间感受产生影响。

另外，人在建筑空间中并不是静止不动的，往往要按照某种先后顺序对空间进行观察，观察者的这种在时间上延续的位移使空间体验又具有了历时性。随着时间概念的引入，建筑空间就仿佛拥有了四个向度，有人把时间命名为"第四度空间"。对于建筑来说，从原始人搭建的窝棚到现代化的住宅，从古代的宫殿到今天的学校、工厂、办公楼，没有一个建筑不需要历时体验、不需要在行程中经历时空的变化。历时性已成为建筑空间的最基本特征之一。同时，我们还应认识到，人在建筑空间内部行走，从连续的各个视点观察建筑，可以说是人本身造成了时空变化，是观察者本人赋予建筑空间的历时性，这一点是与观察其他三维物体不同的。在实际应用中，处理好两个空间之间以及多个空间之间的组合关系，是解决空间历时体验问题，创造良好空间感受的关键，这方面内容在本章第三节中将进行详细阐述。

3. 空间在本质上表现为一种使用功能

人们盖房子总是具有具体的目的和使用要求的，这在建筑中称作功能。我们知道，人们建造房屋都是有一定目的，用各种物质材料并按照一定的工程建造方法把这些材料搭接在一起形成了建筑，但物质材料的搭建只是达到目的的手段，而获得一定功能的使用空间才是建造建筑的真正目的。从古至今，建筑的式样和类型各不相同，建筑空间的形式也发生了很大变化，尽管造成这些情况的原因是多方面的，但是一个不可否认的事实是功能对建筑空间和建筑形式的影响一直起着重要的作用。

随着社会的发展出现了许多不同的建筑类型,各类建筑由于功能要求千差万别,建筑在形式上也各不相同。但总的来说,建筑的实体是以空间的外壳形式存在的,外部体形是内部空间的反映,因此创造出满足一定使用功能的空间是建筑形式变化的根本原因。

单个房间是组成建筑的最基本单位,房间的大小、形状、比例关系以及门窗的位置,都必须满足一定的功能要求。正是由于使用功能的不同,每个房间保持着各自独特的形式,与其他的房间产生区别。例如,居室不同于教室,办公室不同于商场,体育馆不同于影剧院……这个道理很容易让人理解。然而就一幢完整的建筑来讲,单个房间功能合理并不等于整幢建筑的功能就合理,建筑本身是一个严整的系统,各个房间必须按照一定的秩序关系组织在一起,不同功能的房间之间的联系,房间与交通空间的联系,都会关系到建筑的使用功能是否合理。例如,学校、办公楼、医院病房楼等建筑,一般都用一条公共走廊把两侧的房间连接在一起;展览馆、火车站的候车厅等往往用连续、穿套的形式来组织空间,才能符合功能要求;而对于影剧院、体育馆等建筑来说,需要在观众厅和比赛厅周围布置休息室、卫生间、小卖部等其他附属房间。这些都说明一定的使用功能要求有一定的空间组织方式与之相适应。

4.空间要满足人的精神和审美要求

人类的精神需求主要包括基础性的心理需求和高级心理需求两大类。基础性心理需求也可以说是生理、心理性的需求,如一间房间的窗户开得较高,由于房间内外视觉信息的传递被阻断,房间里的人就产生闭塞感,这时只要相应降低窗高,问题就会得到解决;再如,对于一般的居室来说,层高常常定在2.6~3.0 m之间,这样的高度可以让人觉得较为舒适,然而如果把一个可容纳数百人同时进餐的大餐厅的层高也定为3.0 m,可以想像尽管不会影响餐厅的功能,但置身于其中的人们必定会感到空间压抑而心情不佳。这就是人们的基础性心理需求在建筑空间中的作用。

高级心理需求涉及到人的许多观念形态内容,以及人的许多与社会形态相关的内容,对应到建筑空间中,主要反映在安全感、私密性、人际交往、展示、纪念性等方面,最终达到陶冶心灵的目的。

安全感是建筑要考虑的首要问题。它并不仅仅要求建筑要具有结构安全性,同时还要把人的心理感受因素考虑在内。例如,目前世界上出现了许多超高建筑,有的已达到了几百米高。在风力的作用下,超高层建筑的塔楼会产生周期性侧向摆动,如果不加以控制,塔楼顶部侧移距离可以达到2~3 m,一般来说,这样的摆动不会对建筑的结构安全造成危害,但考虑到人们的心理承受能力,设计超高层建筑时常常要采取一定措施,把塔楼的侧向摆动距离控制在较小范围之内,并减缓摆动周期,尽量让人感受不到建筑在摆动。

人们生活中的许多内容都有私密性要求,希望有只属于自己而不被别人打扰的场所,建筑师在设计建筑时要满足人的这种需求。同时人又是社会的人,也有人际交往的心理需求,交往实际上也可以看成私密性的另一面。美国当代著名建筑师约翰·波特曼提出"共享空间(Shared Space)"、"人看人"等概念,就是为这种心理需求提出的空间理论。他所设计的几个大型旅馆,如旧金山海特摄政旅馆(图 4.1)、亚特兰大桃树广场旅馆、洛杉矶波拿文彻旅馆等建筑的中庭,都给人创造了这种交往的条件。人际交往的需求不外乎有三点:一是人与人相互了解,这是最基本的,要做到这一点,各个单元空间必须是相互开放的,而且可以互相走来走去,但又各自有一个空间范围;二是人与人应是互相平等、尊重的,要求各单元空间没有显示出高低贵贱之分的感觉;三是人与人之间互相学习和模仿,不带任何强制性,希望空间既分又合,而不是全部敞开,只有一个大而空的空间。

就博览建筑、商业建筑来说,突出建筑空间的展示能力已成为建筑设计的重点。对于一些博物馆、美术馆,吸引参观者注目的不仅仅是其中的展品,由于这些建筑往往具有很高的艺术品味,能给人深刻的印象和美好的空间感受,在参观者看来,建筑本身就是一件巨大的艺术品。

纪念性建筑是一种严肃的、带有尊敬和怀念之情的场所,并且纪念性中还显示出永久性。纪念性的心理需求,也是一种古老的心理活动,自古以来一直存在。纪念性建筑有两个最主要的特征:一是庄重,二是有感情,所以多呈现或高耸挺拔或端庄稳重的外部体量,让人产生尊重和敬仰之情。在内部空间的处理方面,也往往在结合建筑造型的基础上,多选用完整且巨大高耸的空间,并调动色彩、光、音响

图 4.1　旧金山海特摄政旅馆中庭

等一切可以调动的空间处理手段,创造出具有某种特殊意境的建筑空间,强化建筑的纪念性效果。

陶冶心灵是最高的心理需求,它是不和功利联系在一起的美,是纯粹的形式美。如果我们把建筑看做为一门艺术,那么创造可为人们带来美感的建筑空间并达到陶冶心灵的目的,就是这门艺术的核心内容,也是建筑艺术所追求的最高目标。中国的古典园林建筑是这方面的代表。苏州的古典园林闻名世界,

在国内外都享有很高的声誉。如拙政园、留园、网师园等,它们的空间安排和谐得体,建筑与环境高度统一,达到了"虽由人作,宛若天成"的境界(图4.2)。

图4.2　拙政园小飞虹廊桥

三、空间的分类

建筑空间有内、外之分,一般认为位于建筑内部,全部由建筑物本身所形成的空间为内部空间,对一幢普通的建筑来说,建筑里的各个房间、走廊、门厅、楼梯间、电梯厅、卫生间等都是内部空间。相对于内部空间,人们把位于室外由建筑物和它周围的东西围合成的空间称为外部空间,像建筑的庭院、花园,城市的街道、广场、公园等都是外部空间,外部空间也可称为城市空间。

然而,在特定条件下,室内外空间的界线似乎又不是那样清楚。例如,四面开敞的亭子、透空的廊子、屋檐所覆盖的空间等,究竟是内部空间还是外部空间呢?似乎不能用简单的方法给予明确肯定的回答。为了解决这一问题,在一般情况下人们常常以有无屋顶当作区分内、外的标志。

本章重点讨论建筑的内部空间,有关外部空间问题将在后面的章节中详细阐述。

内部空间是人们为了某种使用目的用一定的物质材料和技术手段从自然空间中围隔出来的,它和人的关系最密切,对人的影响也最大。对内部空间的研究可以从两个大的方面着手,即单一空间和多空间的组合。

第二节　单一空间

单一空间是构成建筑的最基本单位,任何复杂的建筑空间都可以分解为单一空间,对任何复杂空间的分析都要从单一的空间要素分析入手。房间是组成建筑的细胞,是最典型的单一空间,研究建筑也要从一个房间所包容的空间开始。

每个房间都是由墙体、顶棚和地面限定后形成的,没有限定就不能出现特定的房间,这说明空间始于限定。单一空间是由垂直向度的限定要素(墙体)和水平向度的限定要素(顶棚和地面)通过一定方式围合出来的。各单一空间由于存在的原因不同,具有不同的空间形式,总的来说表现在空间形状、比例和尺度以及围合的程度三个方面,这三个方面的变化引起空间性质的变化。另外,空间是由实体限定出来的,空间本身是非物质的,是虚无的,空间之所以能被感知,主要是由于人们看到限定空间的实体界面后间接得到的,所以研究空间不仅要从这些客观存在的属性入手,还要从主观感受的角度来分析。界面上的彩色、质感、图案等都直接决定着人们对空间的感受效果,同时空间中的光线以及声音、温湿度、空气质量等物理指标会对人们的空间感受产生一定影响。

一、空间的限定要素

建筑之所以得以存在,是实体部分与空间部分统一的结果,人们建造建筑的主要目的就是为了获得建筑中可以利用的空间。我们使用建筑虽然只用它的空间部分,实体部分只是空间的外壳,但如果没有这个"实"的外壳,"空"的部分也就不复存在了。因此,建筑中空间和实体是一对相互统一、不可分割的整体,研究建筑也要把空间和实体结合在一起来进行(图 4.3)。

(a) 外部形象　　　　　　　　　　　(b) 内部空间

图 4.3　台湾东南大学鲁斯教堂

在建筑中,空间和实体的统一被称做为建筑空间的限定与组合。空间的限定由实体要素来完成,人们对空间的感知是看到实体形成的空间界面后间接得到的。例如,用墙和柱等垂直向度的实体构件,把所需要的空间围起来构成房间,这种空间的限定方式可以称为围合,又如用屋顶、楼板等水平构件,支撑所需要的空间之上,其下部就成了一个建筑空间,像房子入口的雨篷、园林中的亭子……这种空间的限定称为"覆盖"。可以看出,任何一个建筑空间都是由垂直向度和水平向度的构件通过"围合"和"覆盖"两种方式限定出来的。另外,一个房间中的家具、绿化、工艺品等室内陈设的摆放方式也会对空间产生限定作用。

1.垂直限定要素(墙、柱)

墙面作为空间的侧界面,是以垂直面的形式出现的,由于其能对人的视线产生完全遮挡,因而对于限定空间起着至关重要的作用。门窗洞口的布置,墙面上的比例划分,材料色彩和质感的选择……一起决定着它们所限定空间的特征和该空间与周围空环境相互联系的程度。

对于墙面的处理,最重要的问题是如何组织门和窗。门、窗为虚,墙面为实,门窗开口的组织实质上就是处理墙面的虚实关系,虚实对比是墙面处理成败的关键,要做到虚实相间,有主有次,尽量避免在一面墙上虚实各半。除此之外,借助门窗洞口的重复及交错排列还可以产生韵律美,这也是墙面处理的常用手法。

其次,墙面处理还要注意整体的比例关系,如把门和窗洞口纳入到墙面的整体划分体系中去,可以形成整体感,也有助于建立起一种秩序。一般的做法是在高宽比较小的墙面上进行竖向的洞口布置及线条划分,在高宽比较大的墙面上进行横向的洞口布置及线条划分,这样做可以有效地调整墙面的视觉比例。

再次,墙面的色彩和质感也会对围合的空间效果产生显著的影响。关于这方面在本节空间的感受部分详述。

墙面上的洞口位置、比例划分、色彩、质感等还应正确反映出空间的尺度感,来符合所围合空间的性质。如在居住建筑中空间一般较小,门和窗的尺寸也相对较小,而在会堂、办公楼等公共建筑中,由于空间较大,门窗的尺寸也相对较大。在一个特定的空间中,过大或过小的尺度处理,会给人造成视错觉,并歪曲空间的性质。

另外,在一个空间中不能孤立地处理某一面墙,要把相邻的墙面作为一个统一的整体一齐加以考虑,并要处理好两面墙之间以及墙面对顶棚和地面间的衔接与过渡(图4.4、4.5)。

在建筑中柱子的出现是出于结构受力方面的考虑,首先要保证建筑结构的安全、合理。除此之外,一列柱子或柱子与墙、屋顶等构件相互配合也能起到限定空间的作用(图4.7)。虽然柱子不像墙面那样完全遮挡人的视线形成对空间的围合,但列柱和柱廊可以依靠其位置关系使人产生视觉张力,形成一种虚拟的空间界面,既限定出空间,又保持了视觉及空间的连续性。从这个意义上来讲,我们可以把墙面形成的空间边界称为"实界面",把列柱或柱廊形成的空间边界称为"虚界面"。

图4.4 墙对空间的限定

与墙面相比,柱子是一种较为灵活的限定要素,它是一种透过性的限定,一种弱化的限定。显然,列柱的柱距越近,柱身越粗,其性质越接近于墙,对空间产生的围合感也越强烈。

在一个单一空间中,如果设置了一排列柱,就会无形地把原来的空间划分成两部分,若设置双排列柱,则把原来的空间划分成三部分,这时就要处理好空间的主从关系问题。以单排列柱划分空间来说,如果设置在大厅正中,则会把原来的空间均等地划分为两个部分,这样就失去了主从差异,从而损害了空

图4.5 隔断对空间的限定

间的完整性,应尽量避免这种做法。若能按功能需要将列柱偏于一侧,就会使主体空间更加突出,空间效果要好得多。

设置双排列柱的空间可以出现三种分隔可能:一是把原来空间分成三等分;二是两边大而中间小;三是中间大两边小。第一种情况虽然建筑结构较为规整,但由于其主从关系不明确,往往只用于对整体感要求不高的空间划分中,如工业厂房、商场等。在第二种情况中,由于中跨空间较小,在实际应用中这部分空间往往以走廊等交通空间的形式出现。第三种情况使分隔出的空间主从分明,空间的整体感好,所以在许多建筑中都采用这种分隔方式(图4.6)。

除了列柱之外,在空间中的一根或一组柱子也可以起到限定空间的作用(图4.7)。一根柱子无法单独界定空间,它要借助周围的墙体或屋顶等其他建

图4.6　列柱对空间的限定

图4.7　一组柱子对空间的限定

筑构件共同完成对空间的划分。例如,在一个长方形的房间中,位于房间中部的柱子要与两侧的墙形成"虚界面",这样房间才被分隔成两部分。空间中的一组柱子可以依靠柱子间的相对位置限定出一个小空间,如呈矩形布置的四根柱子可以在房间中限定出一个小的空间范围,许多建筑的大厅都采用了这种处理方式。上面谈到的用一根或一组柱子划分空间的做法,应用时也同样要考虑到划分后空间的主从关系,要避免把空间均分所造成的整体性差的问题。

2．水平限定要素（顶棚、地面）

建筑的顶棚不仅能遮避建筑物的内部空间,使人们免受日晒、雨淋之苦,而且也影响着建筑的整体造形和内部空间的形状。同时,建筑屋顶的形状又要受到建造它所采用的材料和结构形式等因素影响。因为屋顶往往远离人的触觉范围,主要以人的视觉感知为主,因此往往成为空间形式表现的重要因素。

顶棚作为空间内部的顶界面,在单层建筑中是指建筑的屋顶,而在多层或高层建筑中也可以是下上楼层间的楼盖。一棵树的树冠可以在其下方提供一个树荫,与此相同,建筑的顶棚也可在它本身和地面之间限定出空间,顶棚的外边缘形成了空间场所的边界（图4.8）。并且顶棚的形状、大小、距地面的高度都会对所覆盖的空间产生影响。如果有地面上的垂直构件与顶面相连接,会增加空间的视觉形象感,实际上,房间的屋顶也总要有柱子或墙体等垂直构件来支撑,共同完成对其内部空间的限定。

在单一空间的设计中,顶棚的处理较为复杂,也经常成为设计的重点。利用顶棚可以强调空间的形状。有些建筑空间,单纯靠墙和柱很难明确地界定出空间的形状及范围,但通过顶棚的处理则可以使人们的空间感更加明确,顶棚的覆盖作用常常可以起到统一其下部空间的效果。

通过对顶棚的处理还可以强调空间的主从关系。例如在一些公共建筑的入口大厅中,往往包含着若

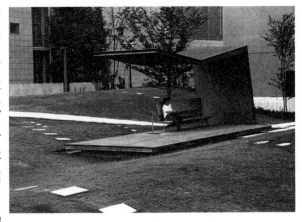

图4.8　顶棚对空间的限定作用

干种不同的使用功能,像宾馆的大堂里要同时具有接待、休息、等候电梯等多个使用部分,这些部分本身又由于相互之间的密切联系不能完全独立设置,若在局部顶棚的设计上作相应的处理,就会取得理想的效果。

顶棚又是建筑中许多设备、设施附着的地方,如灯具、空调通风口、扬声器以及消防专用的烟感器、自动喷淋喷头等都经常安装在房间的顶棚,这都要求和顶棚一齐做统一处理,处理得当会有利于空间的整体效果。

在许多建筑中顶棚的形式都或多或少是建筑结构形式的反映,顶棚的处理也应当和结构巧妙地相结合（图4.9）。例如,在采用井字梁作楼盖结构的大厅中,可以结合有韵律排列的梁格对顶棚进行装修处理,既能实现良好的空间效

果,又能节省材料和空间。

另外,利用房间的顶棚还可以实现某些特殊用途。例如,在一些作为屋顶的顶棚上,可以开设天窗对室内采光,天窗的采光效率要高于侧窗,并且由于光线从上面射入室内,产生了类似于室外的受光效果。再如,在音乐厅、影剧院的观众厅中,由于对室内音质要求较高,经常把顶棚做成波浪形或折板形以改善声波的反射效果,当然在这种情况下,顶棚的最终形式是要结合专业的音质设计得出的。

地面作为空间的底界面,也是一种水平相度的空间限定要素。在现实生活中任何空间的形成都要有

图 4.9　顶棚下降对空间的限定作用

地面参与。地面上的色彩变化、质感变化、图案设计还能丰富空间的变化。

对地面的处理,经常用具有不同色彩和质感的大理石、水磨石、地面砖、地板、地毯等材料,利用材料本身的性质和不同种材料间的相互搭配可以起到室内装饰作用和强调空间用途的功效。例如,人们可以用不同色彩和纹理的大理石,在地面上拼出有装饰性的图案,通过图案本身所具有的完整性、连续性和韵律感创造或庄重、典雅或简约、大方或自由、活泼的空间风格。再如,在接待贵宾的大厅中常要铺一条红地毯指明宾客行进的方向,也限定出相应的交通空间。

另外,通过升起或凹陷等手法调整局部地面的标高,利用高差的变化也能有效地起到限定空间的作用。将一部分地面升起,会在一个大的环境中创造出一个场所空间,升起部分的边缘界定了场所的范围。这一部分地面升得越高,它相对于周围空间就越突出。如果升高的部分再借助于颜色或质感的变化来进行强调,就会加强这一部分的突出感。升起的空间常起到强调和展示的作用,在实际应用当中,像演出用的舞台、教室的讲台等采用了地面升起的处理方式(图 4.10、4.11)。

同样,地面的一部分凹陷也能分隔出一个空间场所,这个场所的范围由凹陷部分的垂直面所界定。与地面升起限定空间的方式不同的是,凹陷的地面靠凹陷部分的侧壁来形成视觉界线的。如果要强化此部分空间的独立感,可以用将凹陷部分的地面处理成与周围地面形成强烈对比的手法来实现。另外,凹陷

空间在几何形式或相对位置上的对比也能在视觉上强化与周围环境彼此的区别。地面凹陷的手法常常用来创造安全、遮蔽的空间氛围。

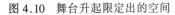

图 4.10　舞台升起限定出的空间　　　　图 4.11　餐厅中地面的高差变化

　　在多数内部空间中,由于地面用来承托家具、设备和人的活动,并且人站在地面上,在透视之后,地面的暴露程度也受到限制,因此主要依靠地面来限定空间的做法并不常见,往往把地面和墙、室内陈设等垂直限定要素结合起来,共同实现对空间的限定。

3.室内陈设

　　在一个房间中,除了墙面、柱、顶棚、地面等建筑构件能对空间产生限定作用外,家具、绿化、工艺品等室内陈设的摆放布置还会对空间起到"二次限定"的作用。例如,在起居室中,人们就常利用沙发的布置营造出一个相对独立的会客场所(图 4.12);在商场中,可以利用货架的摆放方式限定出销售某类商品的

图 4.12　起居室中家具围合出的会客空间

售货区域(图4.13);在办公室里,可以利用办公桌、书架、绿色植物等划分出属于个人的办公空间。

室内陈设对空间的限定能力,随其高度的变化而变化。当陈设物的高度小于0.6 m时,它虽然能对空间区域进行划分,但不会对人的视线产生任何遮挡,因此空间限定能力较弱,性质接近于地面对空间的限定;当陈设物的高度在1.2 m左右时,这一高度将遮挡处于坐、卧状态人的视线,而对站立的人不会有太大影响,开敞办公室中办公单元的隔断一般都采

图4.13 商场中货架围合出的购物空间

用这一高度;当陈设物的高度大于1.8 m时,人的视线将完全被陈设物遮挡,并且随着陈设物高度的增加,其对空间的限定能力也会随之增加,这时陈设物的性质已十分接近墙、柱等垂直限定要素。需要补充一点,按照成年人的平均身高来计算,人在站立状态时,视高一般在1.5 m左右,也就是说,1.5 m是人的视线能否被遮挡的"临界高度",为了得到一种肯定的限定效果,一般说来,要避免选用1.5 m左右高度的室内陈设物,应让陈设物的高度明显地高于或者低于这一尺寸。

二、空间的基本属性

拥有内部空间是建筑的基本特征,建筑就像一个巨大的容器,在其内部容纳着丰富多采的人类生活。对于一个房间来说,空间的形状、比例和尺度以及围合的程度则被称为空间的基本属性,这些客观存在的基本属性对单一空间的品质有直接的影响作用。

1.空间的形状

不同形状的空间,往往使人产生不同的感受,建筑空间的形状是根据使用功能的要求和人的精神感受要求来选择的,使之既适用,又能达到一定的艺术意图。

总的来说,单一空间的形状主要是由空间的使用功能来决定的。例如,对于一间中小学使用的标准教室来说,教室的形状是由目前学校的教学模式,以及班级内的学生人数和桌椅摆放布置情况来决定的。为了便于教师讲课,教室一般设计成矩形,讲台与黑板设置在教室的一端,学生面对黑板坐在教室中。在我国中小学里,一个标准班级定员为50人左右,与此相适应,教室的使用面积大致为60多 m^2,学生的桌椅成行成列地布置,中间留有过道。为了保证教室必需的视、听效果,需要为教室确定一个合理的长宽尺寸,教室过长,后排座位距

黑板、讲台太远,对视、听效果不利;教室过宽,前排两侧的座位太偏,看黑板时有严重的反光。综合上述因素,在绝大多数的中小学标准教室中都把学生的课桌排四列,加上课桌间的过道,决定出教室的平面尺寸大约在 6.9 m × 9.3 m 左右。

对于另外一些房间,其选择形状的标准将随着功能要求的不同而发生变化。如幼儿园活动室,其视、听的要求并不严格,考虑到幼儿活动的多样性,把活动室的平面设计成正方形、多边形等也能满足使用要求(图 4.14)。

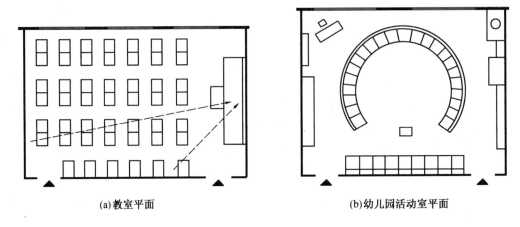

(a)教室平面 (b)幼儿园活动室平面

图 4.14 使用功能决定空间形状

影、剧院建筑的观众厅和体育馆的比赛厅,虽都有视、听两方面的要求,但毕竟使用方式不同,反映在空间形式上,空间的形状也要有相应变化。在影、剧院观众厅中,观众需要从一侧观看演出,观众厅与舞台和银幕相对布置。而在体育馆的比赛厅中,观众可以从多个角度来观看体育比赛,所以观众席往往围绕着比赛场地布置。这些原因决定了影、剧院观众厅和体育馆比赛厅在形状上的区别(图 4.15)。

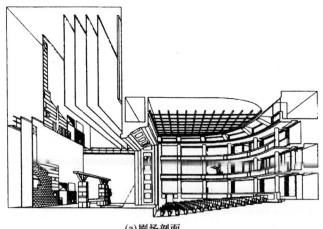

(a)剧场剖面

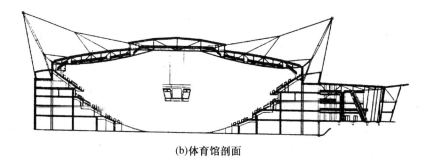

(b)体育馆剖面

图 4.15　使用方式决定空间形状

其他如天文观象厅、工业厂房、手术室等,其功能对于空间形状的制约作用则体现得更加明显。

建筑的形体造型也会对内部空间的形状产生影响。按照建筑的特点,墙、顶棚、地面等实体部分往往以空间外壳的形式出现,建筑的形体形状一定程度上要反映出建筑的空间形状,也就是说建筑有什么样的外部形体形状,往往内部就会存在与之形状相对应的空间。但在办公楼、商场、图书馆等建筑中,许多房间由于功能特点对于空间形状并无严格的要求,这时在空间形状的选择方面表现出一定的灵活性,它的内部空间形状可以是矩形,也可以设计成圆形、三角形、多边形,甚至是不规则形状,只要内部布置得当,都能满足使用要求,对于这类空间,就可以从建筑整体造型方面来考虑单一空间的形状,创造出更为灵活的空间形式(图 4.16)。

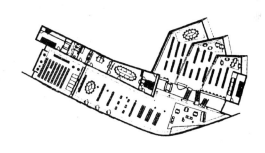

(a) 外观图　　　　　　　　　　　　　　　(b) 平面图

图 4.16　阿尔默洛市公共图书馆

另外,一座建筑是一个相对独立完整的系统,它最终以一种什么样的形式出现,是各种与建筑相关的影响因素共同作用的结果。建筑空间的形状也同样要受到许多其他因素的影响。

(1)受空间之间组合关系的影响。前面提到的中小学标准教室,平面一般采用矩形或六边形,如果只从满足一个房间的使用功能角度来考虑,它还可以布置成其他形状,如半圆形、三角形等,为什么绝大部分此类教室只采用矩形或六边形平面呢？这是因为一个有一定规模的建筑总是由许多个单一空间组合在一起的，单一空间形状的选择，不仅要考虑空间形状是否符合使用要求，还要考虑这种形状的空间是否便于同周围其他空间进行组合。拿半圆形的教室来说，把黑板和讲台布置在直线边，把学生桌椅平行于圆弧，进行半包围形布置，完全可以满足教学要求，但我们想像一下，当多个半圆形教室排列在一起时，教室之间就会出现大量的冗余空间，造成不必要的浪费，并且教室以外的空间效果也不理想。这说明建筑中单一空间的形式，不仅由一个空间自身的功能情况决定，还要考虑它与周围其他空间的关系(图4.17)。

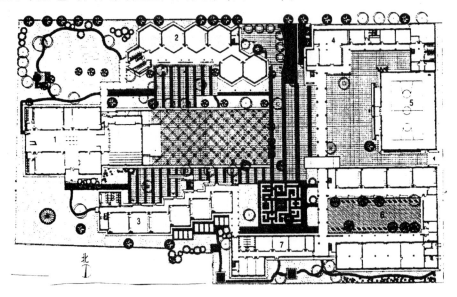

图4.17　清华大学附中校舍平面

(2)受建筑技术手段的影响。建筑空间是人们利用建筑材料，并采用一定的结构形式和施工工艺，从自然空间中围隔出来的，这说明建筑空间的产生需要技术手段的支持和保障。反过来，空间的形式也要受到建筑技术的制约，并受其影响。所谓建筑技术主要是指建筑结构、材料、施工工艺、建筑的设备、设施以及与空间中的物理指标等相关的方面，其中结构形式对建筑空间的影响最为突出。随着人们掌握的建筑技术水平日益提高，建筑作为一种人类活动的容器也随之越来越复杂和精致。在古代，由于技术水平低下，建筑室内空间只能狭小而简陋，现在技术方面的进步使许多过去认为是不可想像的建筑空间成为现实。

现在人们已掌握的结构形式有许多种，可以根据不同的空间要求有选择地使用。对于空间跨度不太大的房间，可以采用砖混或框架结构，为了使结构受力合理，承重墙或柱一般要垂直于地面，而钢筋混凝土楼板则可以水平铺放，把受到的荷载传递到墙或柱子上。对于类似于体育馆、大会堂等空间跨度大的建筑来说,使用砖混和框架结构就不再适合了,在此情况下往往要采用拱、薄壳、网架、悬索、张拉膜等结构形式,这些结构形式由于其自身的受力特点,都会在一定程度上对其限定的内部空间形状产生影响(图4.18)。

(a) 拱形结构限定的空间　　　　　　　　　　　　(b) 张拉膜结构限定的空间

图4.18　结构形式限定内部空间

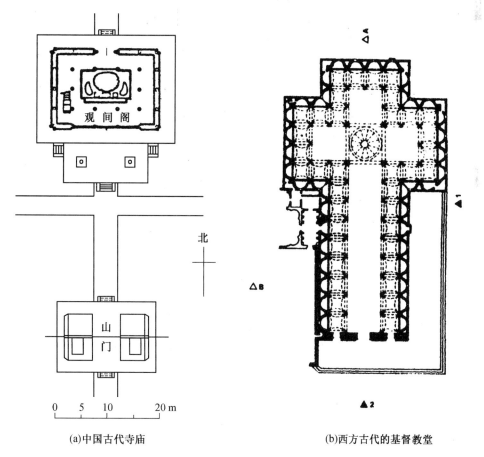

(a)中国古代寺庙　　　　　　　　　　　(b)西方古代的基督教堂

图4.19　社会文化影响建筑空间形状

(3)受社会文化的影响。建筑不仅是一种艺术对象,也不仅是一种工程技术对象,它还是一种社会文化对象,建筑空间也同样要受到社会文化因素的深刻影响。例如,中国古代的寺庙建筑,由于受到传统文化价值观的影响,建筑的布局往往与庭院相结合,佛堂的形状也大都为矩形,而西方古代的基督教堂,则往往是一个独立的建筑单体,许多教堂的平面呈十字形,使之与其他宗教的建筑内部空间形状截然不同(图4.19)。社会文化因素对建筑的影响极其广泛,反映在建筑空间形式的变化上也是多种多样的,这些都需要建筑师作深入、细致的研究。

建筑的空间形状虽然表现为多种多样,但总的来说可以分成两大类,即规则几何形和不规则几何形。人的视觉具有自觉简化的特点,格式塔心理学认为:人在观察事物时,总把形式归为最简单、最规则的"形"的构成,因为这些"简约合宜"的形使感知和理解变得容易。我们对建筑形体的感知常用这样的词汇描述:"圆形"、"方形"、"三角形"、"不规则形"。相应地,建筑内部的单一空间也表现为这些基本形状,或是这些基本形状的增减变化及相互叠加而构成。

规则几何形体即通过圆形、三角形和正方形这三种基本形式经展开或旋转而成的清楚、规则而易认识的形体,亦称之为柏拉图体。这种形体在格式塔心理学看来是简洁而完美的形式,具有高度的视觉可知性,常常为各流派建筑师用作建筑创作的构形要素。柯布西耶曾说:"……立方体、圆锥体、球体、圆柱体或者金字塔式锥体,都是伟大的基本形式,它们明确地反映了这些形状的优越性。这些形状是鲜明的、实在的、毫不含糊的。由于这个原因,这些形式是美的,而且是最美的形式。"这些形体的平面投影都可以归纳成圆形、方形或三角形。

圆形空间。以圆形为主体要素的单一空间,包括圆柱、圆锥和球体,由于圆形带来的空间集中感及同心的特性,圆形空间亦常被用作中心空间(图4.20)。

矩形空间。以矩形为衍生本源的空间,包括立方体空间和长方体空间。矩形空间是最常见、最普通的空间类型。立方体空间在长、高、深度三个方向上等距,是一种纯净无方向感的空间,代表中性的、合理的概念。几乎绝大多数的房间都以长方体的样式出现,我们对这种空间最为熟悉,在我们的视觉印象中长向常被作为空间的深度方向,作为空间的轴向(图4.21)。

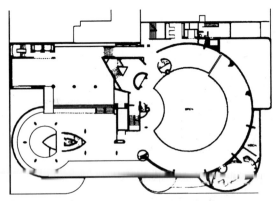

图4.20 吉根汉姆博物馆 莱特设计

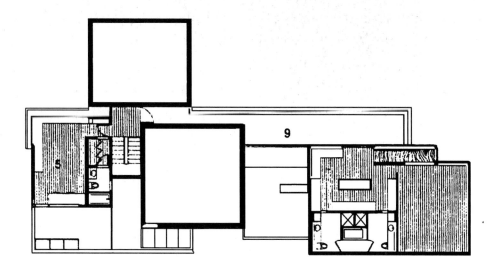

图 4.21　洛杉矶贝弗利山庄 S 住宅　迈克尔·马尔森设计

　　三角形空间。三角形空间具有强烈的方向性,围合面较少,水平方向进深视觉转换强烈,易产生突发感。顶点至底边相互位置的变化,使视觉发生扩张和收缩的对比。由于三角形中总要有锐角存在,为了保证使用,三角形空间一般不宜过小。另外,为了缓和紧张感,锐角处常作切角处理(图 4.22)。

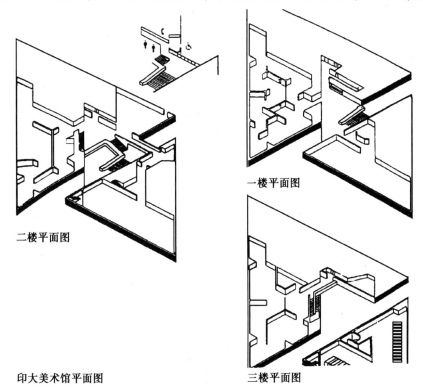

二楼平面图

一楼平面图

印大美术馆平面图

三楼平面图

图 4.22　印第安纳大学美术馆　贝聿铭设计

非规则几何形体系是与规则几何形体相对应而言的,出现不规则形状的空间往往是由于不规则形状的建筑形体所造成的。空间表现在各个局部的性质也都不同,彼此之间的关系并不前后一致,一般为非对称的。不规则形体多数打破平衡感而显得比规则体更富有动态,并常为现代一些建筑流派所选用,以制造一种特殊的意境(图4.23)。

(a) 外观图

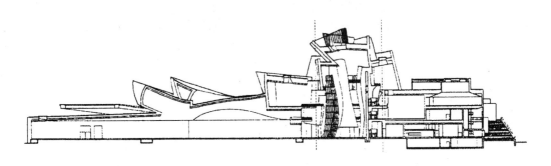

(b) 剖面图

图4.23 毕尔巴鄂市古根海姆博物馆 弗兰克·盖里设计

2.空间的比例和尺度

空间的比例和尺度是观察者对空间量度的把握,其中比例是空间各构成要素之间的数量关系;尺度则是空间构成要素与人体之间的数量关系。在视觉上我们对建筑的空间进行量度时,通常要与一个熟悉的参照物进行对比,并把它作为量度的工具。在建筑中有一部分构件要以人的身体作为参照物,像楼梯踏步的高度和宽度,门的大小及门把手的位置等。用人体的尺寸或比例来量度建筑的大小,并满足人体的生理尺寸要求,我们可以把这种尺度称为实用性尺度,它属于人体工学的范畴,前面已有详细阐述。然而并非所有的建筑构件都用人体本身的尺度来量度,例如当人们走在狭窄的胡同里时,会感到压抑,这时之所以认为胡同狭窄,并非因为胡同窄得不足以让人通过,而是因为胡同两旁的建筑相对过高且距离过近,造成了人的压抑感,这种与环境中其他构件比较后确定出的空间大小,我们可以称之为感受性尺度。

人们处在形状相同的空间中,由于比例和尺度发生变化所带来的视觉感受是不同的。在建筑空间中大体包含着以下几种不同比例和尺度的空间类型:

亲和空间:是接近人体尺度的低小空间,有一种亲切感和可居性,具有宁静、亲切的感觉(图 4.24)。

图 4.24 亲和空间

高狭空间:有强烈的上升感,获得一种神圣的、崇高的含义(图 4.25)。

轴向空间:水平方向的前进感,表达一种深远的气氛(图 4.26)。

图 4.25 高狭空间　　　　　　　　　图 4.26 轴向空间

开阔空间:是大而低的空间,高宽比特别大,给人造成压抑感(图 4.27)。

图 4.27　开阔空间

　　巨型空间:空间又高又大,远远超出人体的尺度,暗示着整体包容的感受,人的行为只占据空间的一小部分,让人产生建筑宏伟、自我渺小的感觉。常用来作为纪念性或展览性空间(图 4.28)。

图 4.28　巨型空间

一般情况下，一个房间的大小主要是由它的用途来决定的，不同使用功能的空间，都有相应的大小和高度，但对于某些类型的建筑，如教堂、纪念堂或某些大型公共建筑，为了创造出神秘的气氛和雄伟、宏大的形象，室内空间的尺度往往要大大超出使用功能的要求（图 4.29）。

同时，室内空间的尺度要与房间的功能性质相一致。像居室一类的私密空间尺度要小一些，以营造亲切、宁静的气氛，而对于公共活动空间来说，过小或过低的空间将会使人感到局促和压抑，并且也不符合建筑的公共性质；像教室、办公室、商场营业厅、影剧院的观众厅等，出于功能的要求来确定空间的大小和尺寸，一般都可获得与功能性质相适应的尺度感。

图 4.29　君士坦丁保　圣·索菲亚教堂

另外，房间的高度对于尺度的影响比起宽度和长度要强烈，顶棚的相对高度更能决定空间的视觉品质。如对于一间 4 m×6 m 的房间，把其高度定为 3 m 会让绝大多数人感到舒适，这时如果把层高降到 2.5 m，空间就会显得压抑；而在 3 m 的高度下，把房间的长宽扩大到 6 m×9 m，房间的比例尺度也可以让人接受。

室内空间的高度可以从两个方面来考虑：一是绝对高度，即房间的实际净高，这是可以用尺寸来表示的，合理的尺寸无疑具有重要的意义。如果尺寸选择不当，过低会使人感到压抑，过高又会让人感到不亲切；二是相对高度，即要把房间的高度尺寸与房间的平面尺寸一齐考虑，更确切地说要让空间有合理的高跨比，根据人们的习惯，平面尺寸小的房间，绝对高度也要小一些，而平面尺寸大的房间绝对高度也要大一些。

3.空间的围合程度

建筑空间都是由墙、地面、顶棚等实体通过围合限定出来的。从一个门槛到完全封闭的暗室，各种空间围护界面都能起到具体的限定作用。在一个封闭很严的房间里，人们会有秘密、闭塞、沉闷的感觉，而在四面通透的房间中，人们会有开敞和开放的感觉。由此可见，不同的空间围合程度，创造出不同性质的空间。

所谓空间的围合程度，就是指限定空间的实体对空间的限定程度。围合的程度一般可以用高、低或强、弱来描述。在建筑空间中，围合程度的强弱并不含有肯定或否定的意思。换句话说,围合程度强的空间并不等于空间品质好,围合程度弱的空间也不一定空间品质差。空间是围还是透关键在于把握好程度,根据不同的空间性质和使用要求,该围的围,该透的透。

一个空间的围合程度强有助于提高它的完整性和独立性,相反空间的围合程度弱则有助于空间之间的联系和流动,利用这一特点,通过对空间围合程度的把握可以有意识地把人的注意力吸引到某个确定的方向。

空间围合的程度是由观察者的视阈、空间的尺度和形状以及空间限定要素的特征等多种因素所决定,见表4.1。

表4.1　空间限定要素的特征

因素	围合程度强	围合程度弱
视线	不能通过	可以通过
视阈	窄	宽
限定要素高度	低	高
限定要素宽度	大	小
限定要素的透明度	小	大
限定要素的间隔	窄	宽
限定要素形态	向心	背心
限定要素距离	近	远

另外,在实际应用中,房间的围合程度还受以下因素的影响:

首先,要受结构形式的影响。例如,用砖混结构建造的房屋,房屋的墙壁在起围护作用的同时,又是建筑结构的一部分,要承受建筑自身的荷载,因此墙面上门窗洞口的面积受到限制,不宜开得过大,室内空间一般比较封闭。而在采用框架结构的建筑中,由于建筑荷载全部由梁柱体系传递给基础,房间的墙壁仅起到围护作用,不属于承重结构,因此可以根据人们的需要把房间作得十分开敞(图4.30)。

其次,空间的围合程度要受气候条件和房间朝向的影响。在我国南方地区夏季炎热,北方地区冬季寒冷,这就要求南方的建筑以考虑通风隔热为主,而北方的建筑则主要考虑保温防寒。为了满足这种要求,总体上来说,南方的建筑空间较为开敞,北方的建筑空间则较为封闭。并且,北方建筑应尽量考虑南向开大窗,北向开小窗,以减少室内热量散失;南方建筑则要注意避免西晒,在西

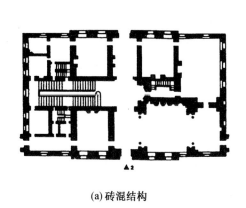
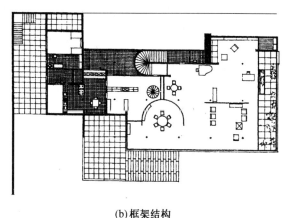

(a) 砖混结构　　　　　　　　　　　　　　(b) 框架结构

图 4.30　不同的结构形式形成不同的空间围合程度

向或西南向的窗要考虑安装遮阳设施,这些都会对空间的围合程度带来一定影响。

再次,空间围合的程度还要与外部环境有关。如果建筑所处地段外部环境较好,就让建筑通透一些,空间围合的程度弱一些,这样有利于把外面优美的景色引入室内,提高内部空间的质量,现在许多建造在风景优美地区的建筑都采用了这种手法(图 4.31)。相反,如果建筑的某些外部环境不尽如人意,这时就可以考虑利用建筑构件做局部遮挡,或根本不在此方向开窗,以保证室内空间不受影响。

三、界面的处理

对于单一空间来说,空间的形状、比例和尺度以围合程度等基本属性对空间性质起决定性作用,但我们必须认识到这些基本属性并不是决定空间效果的全部因素。例如,对于两间空间现状完全相同的房间来说,如果其中一间房间的墙面没有作任何处理,而另一间房间墙面上作了精心的设计,那么我们

图 4.31　从落水别墅内部可以看到优美的外部景色

可以想像,身处于这两间房间中,人们的空间感受是大不相同的。这说明,对空间界面的处理也是影响空间性格和品质的重要因素。

1. 界面的色彩

在人类发展的过程中,人们每时每刻都在与色彩打交道,在视觉艺术中,色

彩作为给人第一视觉印象的艺术常常具有先声夺人的力量。人们在观察物体时，视觉神经对色彩反映最快，其次是形状，最后才是表面的质感和细节。来自外界的一切视觉形象，如物体的形状、空间、位置以及它们的界限和区别都由色彩的明暗关系来反映。所以我们在对建筑空间进行设计时要注重对色彩的设计和匹配，利用色彩来营造良好的建筑空间环境。

色彩在客观上是对人们的一种刺激和象征，在主观上又是一种反映和行为，下面我们运用已知的色彩原理介绍一下色彩在建筑空间中的作用。

（1）色彩具有调节建筑空间形态和尺度感、改善空间中比例不合适的建筑构配件的作用。色彩具有进退感、距离感和重量感，色彩的距离感受色相的影响最大，其次是彩度和明度的影响。波长长的色彩，如红、橙、黄等色具有扩大向前的特性，而波长短的色如蓝、蓝紫、紫色等具有后退、收缩感。如房间较小可采用冷色调为主的墙壁色，这样可使房间显得宽大；若室内顶棚过高可采用暖色系的明亮颜色，使顶棚看起来低一些。再如空间中过于粗大的柱子可以通过深色的饰面来使之在感觉上变得细些；若柱子过细时，又可用明亮的浅、暖色使其看起来粗些。

（2）色彩具有限定或划分空间的作用。一个单一空间，不存在内部分隔的问题，但由于结构或功能的要求，把单一空间分成几个功能分区时（如餐厅里的座位区与交通区，酒吧里的观众区与表演区等），色彩就成为一个较有效的划分空间的手段。色彩并不占用空间，却可分割空间，色彩的这一作用主要是通过对底界面和侧界面的色彩处理来完成的。如克朗美国公司办公楼某厅，通过地砖色彩的改变将室内空间划分成交通部分和休息部分，其休息部分色彩明度彩度较高，有突出感，使这种限定更加明确。在此，色彩的处理限定出了某一特定空间，而家具陈设则起了点题和说明的作用（图4.32）。

图4.32　克朗美国公司办公楼内部

再如理查德·罗杰斯设计的泰晤士河谷大学学术资源中心（图4.33），设计者把曲面屋盖支撑结构涂成黄色，这样就无形中在纵向把一个大空间分割成了若干个小空间，这从座椅的摆放可以明显看出来。另外，运用色彩的标志性和快速

图 4.33　泰晤士河谷大学学术资源中心内部

的可识别性可将大空间分成若干个功能相同的区域,以便使人们能快速找到自己需要的位置,这种方法尤适合需要大量人员聚集和疏散的空间。如纽约布林旦·比尔(B.B)体育馆观众厅用红、黄、蓝、紫等不同色彩将观众厅划分出了不同的区域,具有很强的识别性(图 4.34)。

图 4.34　纽约布林坦·比尔(B.B)体育馆内部

(3)色彩能够使空间带有积极或消极的"表情"。歌德把色彩分为主动色(积极色)与被动色(消极色)。他说,主动色能够产生一种有生命力的积极进取的态度,而被动色适合表现那种不安的、温柔的和向往的情绪。现代光波振动对神经系统影响的研究表明:色彩对血压、脉搏、心率、肌肉等都有影响,长波的颜色引起扩张反应,短波的颜色引起收缩反应。一般来讲,明快的暖色调给人以信心和能减轻悲痛的作用,沉静的冷色调易消除烦闷、急躁,具有安定情绪的作用。有位足球教练把球队的更衣室漆成蓝色的,使队员在半场休息时,处于暖和放松的气氛中,但把外室都涂成红色的,这是为了给他做临阵前的"打气"讲话提供一个更为兴奋的背景。粉红色是一种神奇的息怒色彩,美国科学家曾做过多次实验,让一个正在发怒的人进入有粉红色墙壁的房间里,他的怒气会渐渐地平息下来。经常生活在白色的环境中,会对人的生理、心理产生不良的影响,容易引起精神紧张,视力疲劳,并常会联想到医院、疾病和死亡,使人的心情不愉快。

最后,利用色彩可以营造出不同的空间氛围。材料相同、形状相同的空间,由于色彩的差异,会形成温暖的、寒冷的、华丽的、朴素的、强烈的、柔弱的、明亮的或阴暗的等环境气势,表现出各种不同的感情效果。这种感情效果主要是由于人们对色彩产生的联想导致的。色彩的联想主要得益于人们对于色彩的记忆,一是类型上的相关性,二是时空上的连续,三是范围上的扩展性,因而产生由此及彼、由表及里的联想,显然联想可以导致象征作用,它们都与社会化、宗教习俗、民族心态、个人经验等多种因素有关,设计师在进行空间色彩设计时,要善于利用人们对色彩产生的种种联想,来营造特定的空间氛围。

建筑空间色彩的运用受着一定的约束,单一空间给人的整体感受是综合了形态、尺度、色彩、图案尺度、光等多种美而产生的。要想取得良好的视觉效果,首先要注重空间的使用功能与服务对象。建筑色彩除具有观赏审美作用外,还要满足人们的不同使用要求,如医疗建筑、纪念性建筑、娱乐建筑等具有不同的功能与使用人群,不同的使用人群对建筑空间色彩有着不同的心理及生理需求,建筑空间环境色彩设计应首先考虑建筑空间的使用功能和服务对象,否则任何的设计都将是一种无的放矢的行为。如宾馆客房的作用是使客人得到充分的休息,在配色时要注意创造出宁静温馨的气氛,使客人感到舒适放松;而在给写字楼办公间配色时,则要从提高办公人员的注意力及工作效率人于。再如男女、老少、不同国家、不同民族的人对色彩设计有着不同的感受,在对空间进行色彩设计时要针对不同的使用人群,做到因人而异。如医院的病房设计,老年人的病房应采用柔和的浅橙色或浅咖啡色室内色彩基调;外伤或青少年病房则宜采用浅蓝色或淡绿色,这种冷色调有利于减少病人冲动,能抑制烦躁痛苦的心情;儿童病房多用鲜艳明快的调子,这种色调可使孩子们乐观活泼,有利于疾病的治疗。

其次要掌握多种色彩的空间匹配方法。我们生活的空间通常具有丰富的色彩,不同色彩匹配之后所产生的效果是多种多样的,会形成安静的、活泼的、华丽的、朴素的、明亮的或阴暗的等等环境气氛。配色给人以愉悦与舒适感觉时便称之为协调,否则为不协调,大家知道色彩的协调通常有类似协调和对比协调,其原则是,大调和,小对比。费希纳认为"美是复杂之中的秩序。"一般地说:达到平衡的非彩色组合与彩色组合有相似的审美度;同种色相的调和令人满意,同种明度的调和却不易处理;单纯色的调和比混合色的调和更易具有较高的审美度。

2. 界面的材质

离开建筑与装饰材料的运用来抽象地谈建筑色彩是没有意义的,在建筑空间中,任何色彩都要依附于具有一定质感的材料。这些材料不仅能满足空间使用功能的要求,而且不同材质组合所蕴含的信息不同,不同材质组合所营造的空间氛围是大相径庭的,建筑师应对材料的内在性能,包括形态、纹理、色泽、力学和化学性能仔细研究。著名建筑大师赖特指出:"每一种材料都有它自己的语言,自己的故事。"建筑材料的这种语言特征是人们在长期的建造过程中对材料形成的认识积累的结果。不同材料由于其各自的商业价值,而具有华贵和朴素的特征,对于不同材料的选用还反映出业主及设计师的品味及喜好。下面介绍一下如何进行材料的使用与匹配。

在材料的使用上,应尽量保持材料原有的质感和色彩,尽量不要用装饰材料来掩饰。很多建筑材料本身具有的质色,具有极高的审美价值,而且形式、花纹、色彩自然,不呆板,人们容易接受。赖特说:"材料因体现了本性而获得了价值,人们不应该改变它们的性质或想让它们成为别的。"设计师在设计时应恰如其分地运用材料。

如建筑师 S·科罗雅娜设计的杜布肯的木屋,圆木围墙完全裸露木的本色,毫无隐藏,甚至还可以突出木质的纹路,它并不简单地显示圆木的本色,而且显示出它像光滑的布一样的质感。绿色的圆木、玫瑰色的圆木、奶油色的圆木,这样的圆木组成的围墙就好像是在反射大地的色彩、夕阳的颜色和各种自然现象的色彩,其外表的质地和感觉,同外皮喷涂过的墙面是完全不同的。在建筑空间中设计师还不忘利用冷暖、刚柔的对比的手法,在楼梯及回廊的栏杆处,用了金属本色的构件,在墙上还挂了冰冷的金属壁画,在木质房屋中人们会感到轻柔、温暖,而金属让人感到刚毅、寒冷,这两种用原来质色的材料所营造出的空间氛围是经修饰材料所无法比拟的(图 4.35)。

在运用材料时,还应注意由材料的组合而产生的效果。首先,在对不同材料进行组合时要注意材料质感本身具有的强调或抑制作用。通常有光泽的表面具有强调的效果,没有光泽的表面有抑制效果;强烈的色彩适于强调,浅淡的色彩适于抑制;有质地的表面具有强调效果,多使用强烈的色彩,但不适宜大面积的应用;质地不明显的表面有抑制效果,多用浅淡色彩,可以做背景色大面积使用。如著名的建筑师路易·康在许多不同的建筑设计方案中将清水混凝土墙和木窗放在一起,略有粗糙感的清水混凝土自然率真地显露着它本来的颜色,有着坚固、稳定、质朴的感觉,成为了很好的背景,而木材那精细多变的纹理,光滑的质感,明亮的温暖的颜色,很好地强调了自己,而它们在整体上又形成了一种深沉、内敛的和谐(图 4.36)。

图 4.35　杜布肯木屋内部　　　　图 4.36　耶鲁大学图书馆内部　路易·康设计

其次,材料的组合也有协调与不协调,建筑空间的美学效果除了在空间与体形上得到反映外,还着重依靠建筑材料本身的质地和颜色所造成的强烈对比来体现,用缓冲、调节、过渡等不同手段,创造出协调统一的空间效果。如保罗·焦耳达诺设计的"埃特罗"服装店,设计中材料的运用给人以强烈的震撼。木材与大理石是主要材料,它们在水平面和竖直面趣味地交织组合,产生了匠心独运的设计师想要表达的一系列对比,如轻重、明暗、冷暖等,整个空间轴线突出,对称感极强,使建筑非常理性,这种瞬间产生的天然样式在相对稳重的大理石中寻求了一种平衡(图 4.37)。

最后,在室内设计中,不同材料的组合还能体现不同的时代感和地域风情。如一家意大利名鞋店,设计者着意营造出意大利文艺复兴时代的风格与氛围。艺术家在天花板上绘画出很接近意大利风格的"意大利油彩效果",衬上数支欧陆复古色彩的磨砂玻璃吊灯,与店内文艺复兴风格的壁画互相辉映;用材方面,设计师以光滑而少纹的梨木为主,地板选用了西班牙米黄云石,材料的色彩与高贵的特质模仿了欧洲文艺复兴的空间情调(图 4.38)。

图 4.37　埃特罗服装店内部　　　　图 4.38　意大利某鞋店内部

　　20 世纪出现了非常多样的建筑材料,建筑师应根据立意和想要达到的艺术效果来选择使用何种材料,于是选材成为建筑设计中的一个重要环节。下面我们就介绍几种常用的建筑材料,并欣赏一下它们所形成的空间效果。

　　(1)砖。砖是一种早期人工材料,不仅性能良好、坚固耐久,而且在烧制过程中可以对色彩、质地、形状、尺寸加以控制;其砌式、色彩可根据设计而构成不同的纹理和图案,所以受到很多建筑师的钟爱,常被用于一些表现传统的、有地方特色的、与自然环境相融合的、有人情味的、有手工艺味的建筑中(图 4.39)。

图 4.39　由砖砌筑成的房间

（2）石材。石材是一种天然无机材料，在建筑中使用的历史非常久远。建筑用石材主要是大理石与花岗岩，因其结构致密、质地坚硬具有内在的坚固与力量感。石材天然形成的色彩、花纹和斑点非常丰富，具有一种非人可控制的自然力量与深度，这是其他任何材料无法与之相比的。当代建筑在石材的选用上，由于有了先进的加工手段，建筑师可灵活地控制石材的形态、色彩、质感、纹理的展现，以期获得特殊的效果（图4.40）。

图4.40　石材的质感效果

（3）混凝土。混凝土是一种历史悠久的人工材料，其结构性能非常出色，它干燥后像石头一样坚固耐久，用钢筋加固可达很大跨度。混凝土在初始状态具有极大的塑性，可以塑造丰富的有韵律的空间形态；混凝土饰面具有朴素厚重的美感，并且可创造出丰富多采的纹理和质感，而对于色彩来说混凝土饰面比其他材料蕴含着更大的可能性，表现材料自身的色彩是混凝土饰面的精神所在（图4.41）。

图4.41　国外某教堂中混凝土材料完全暴露的效果

（4）木材。木材是人类最早使用的建筑材料，也是天然的有机材料，质地轻，有柔韧性，有独特的天然纹理和温和的色彩，而且木还有一种温度感，与其他建筑材料相比，木地砖石更加柔和，比钢和混凝土更具温情。木材种类很多，不同种类在硬度、色彩、纹理方面差别较大，因此，从粗拙到华贵，木材具有丰富的表现力（图4.42）。

图4.42　国外某建筑中"树形"木结构产生的空间效果

（5）金属与玻璃。金属是一种轻质高强材料，易加工，延展性好，金属的质感主要表现在精密细致的加工工艺，以及其组装后产生的具有韵律感的美。金属除了应用在结构和面层上，还作为玻璃的主要连接与支撑构件。玻璃是一种无定形非结晶体的均质同向性材料，它透明，具有一定的可塑性。玻璃由于其透明与反射等特征形成色彩丰富、变幻的界面。金属的钢劲与玻璃的通透是极富现代感的组合，随着日光在一天中的不断变幻，建筑空间环境也随之形成多样效果（图4.43）。

四、空间中的光

光线是视觉感知的基础，没有光线就谈不上视觉，光线的神奇性质在于它将物

图4.43　某建筑中由钢结构和玻璃构筑出的空间

质世界展现于我们眼前,使被照射到的物体变为可见,而它自己却是不可见的,光线使空间和形状产生联系,并使其为人所感知。光线可以在空间完全不加以变动的情况下,仍然起到装饰空间的作用。比如利用光线增大或缩小对空间的感觉,使不相关的空间之间发生联系,区分不同的区域,或为空间带来色彩。另外,光可以对人的视觉起引导作用,使我们去注意细节,为我们的视觉世界创造深度。光还可以帮助记忆,使人产生联想,影响人的情绪。因此,空间中的光环境设计在很大程度上决定着人们空间感受的效果,是建筑空间设计的重要组成部分。

建筑环境中的光源可分为两大类:自然光和人工光。自然光就是太阳光,人类离不开阳光的哺育。光刺激视觉,使我们看见并认识周围的环境,从而获得80%赖以生存的外界信息。自然光昼夜复始地更迭,控制着人体生物钟,使我们的生命节奏保持平衡。日光制造维生素和众多迄今未知的营养物质,使我们的机体生生不息,保持健康。明亮的、愉悦的、活跃的光振奋人的精神,使我们心理上感到满足。因此在建筑中只要有可能,最好还是利用自然光,白天尽量少用或不用人工照明,这样不仅仅是为了经济,而是对人的视觉生理有益。人对自然光的接受量,并不是越多越好,有一个最佳值。室内光线的强度,与开窗的面积大小有关。开窗面积大,室内进光量就多,照度就高,对于建筑设计来说,常采用控制窗地比的方法来确定室内空间合理的进光量,所谓窗地比,即窗面积与房间地面面积的比值。这个值按房间用途不同而不同,具体见表4.2。

表 4.2　窗地比与房间用途的关系

级别	窗地比	房间用途
1	1/3 ~ 1/5	制图、手术、光学仪器研磨……
2	1/4 ~ 1/6	机械加工、阅览、急救……
3	1/6 ~ 1/8	起居、教室、办公、商店……
4	1/8 ~ 1/10	书库、剧场休息、车库……
5	< 1/10	库房、储藏……

应该认识到,利用窗地比仅仅能粗略估算室内采光量,其实,房间和窗的形状、窗的高度等,都会影响室内光线的质量。

夜晚没有自然光,就需要人工照明,人工光源的质量会对视觉产生影响。如白炽灯的光是连续的,但其波长偏于黄光,所以在这种光源下淡黄色与白色难以辨别。日光灯的光质接近太阳光,但它的发光是不连续的,这种间断虽然不能被视觉感觉到,但却对视觉生理有害。随着科技的进步,新型的照明灯具不断出现,这些灯具的性能较之以往有了很大的提高,为人工光源的选择提供了更多的可能。

从公元初年(125 年)罗马万神庙屋顶上的采光圆洞(直径 8.9 m)到 20 世纪

末(1999年)柏林国会大厦以宏大的镜面和晶莹的玻璃建构的穹顶(直径40 m);从古代一直延用到19世纪的户户昏暗烛光到今天处处璀璨斑斓的电器照明,回首建筑的发展历程,采光照明一直对建筑的面貌以及建筑空间的演变发展和感受效果产生着重要的影响并发挥着重要的作用,可以说光是建筑艺术的灵魂(图4.44、4.45)。

图4.44　古罗马万神庙内部　　　　　图4.45　柏林国会大厦内部

　　光可以塑造形象,物体的形象只有在光的作用下才能被感知。正确地利用光,包括光量、光的性质和方向,能加强建筑造型的三维立体感,提升艺术效果;反之则可能导致形象平淡或歪曲(图4.46)。

图4.46　巴黎卢浮宫玻璃金字塔的夜晚形象　　图4.47　光在空间中起到划分区域作用

　　光可以划分空间。明和暗的差异自然地形成室内外不同的心理暗示,光的微弱变化也造就了空间的层次感(图4.47)。

光可以渲染气氛。晴日当空、阴雨连绵、雷鸣闪电带给我们不同的心情,这当中光的变化起着重要作用。光渲染的气氛对人的心理状态和光环境的艺术感染力有决定性的影响(图4.48)。

光可以突出重点,没有重点就会使艺术作品变得平庸。强化光的明暗对比能把要表现的艺术形象或细节突出出来,形成抢眼的视觉中心。极高的对比还能产生戏剧性的艺术效果,令人激动(图4.49)。

图4.48　光的教堂　安藤忠雄设计　　　　图4.49　顶部光线对纪念性雕塑的衬托

光能演现色彩,自然光可以真实地演现环境、人和物体的缤纷色彩,显色性好的人工光源也可以做到这一点,而显色性差的灯则会造成色彩变异,丧失环境色彩的魅力。彩色灯光赋予光环境情感意识,但也会使一些颜色受到扭曲(图4.50)。

光还能装饰环境,光和影编织的图案,建筑材料通过反射和折射表现出光感,光有节奏的动态变化以及灯具的优美造型都

图4.50　商场中良好的照明能真实地演现商品的色彩

是装饰环境的重要手段,可以成为引人入胜的视觉焦点(图4.51)。

在建筑的光学设计中,最重要的是照度问题。不同使用功能的房间对光线照度的要求不同。一般说来,阅览室的照度(在桌面上)为 500 LX,起居室的照度为 200 LX,而走廊、卫生间等对照度要求不同的空间只需 50 ~ 100 LX。

由于室内空间的形状和窗的形式不同,室内各处照度并不相同。一般说来靠近窗口光线较充足,离窗越远,光线越弱。如果房间中光线明暗差别太大,也会对使用造成影响。要想使室内的光线比较均匀,最简单的方式就是在设计中控制房间的进深,如果是一个单面开窗的房间,房间的深度应小于窗高的两倍;若两侧都有窗,则房间的深度应小于窗高的四倍(图 4.52)。

图 4.51　光线对室内环境起到的装饰作用

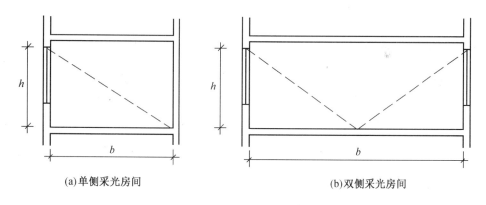

(a)单侧采光房间　　　　　　　　　　(b)双侧采光房间

图 4.52　控制房间进深的方法

另外,对于室内空间的光环境设计还应尽量避免出现眩光。眩光是强烈的光线直接照射眼睛造成的,它会让人觉得十分刺眼。在展览馆、陈列室的设计中,尤其要重视眩光问题。如果展品的放置位置与采光窗口或灯光挨得太近,由于亮度的对比,使参观者无法看清展品,并且因受眩光刺激而感觉难受。因此,展品和光源之间必须隔开或成一定角度,其中的保护角一般应大于 14°(图 4.53)。

在建筑空间中,光是一种语言,向人们述说着建筑师的设计理念和艺术追求。同时,光是设计的手段,建筑师可以通过对光线的驾驭展示设计才华,光可以开创建筑三维创作之外的另一片广阔天地。光环境的设计除了让建筑空间具有应有的照度外,还有增加空间艺术感染力的作用,建筑师应当积极运用光线这一极其经济有效的设计手段,来优化自己的设计,创作出"光彩夺目"的建筑作品。

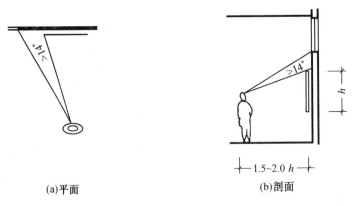

(a)平面　　　　　　　　　　(b)剖面

图 4.53　避免直接眩光的办法

第三节　组合空间

前一节主要分析了单一空间的生成、基本属性以及表现形式问题。然而,仅仅每一个房间分别满足各自的要求,并不足以说明整个建筑的空间安排就合理。在现实生活中,只有极个别的建筑是由一个单一空间组成,绝大部分建筑都是由少则几个、十几个,多则几百个,甚至上千个房间按照一定的相互关系组合而成。人们在使用建筑时不可能只把自己的活动限制在某一个房间内,而不涉及其他房间。反过来,房间与房间之间从使用上来讲都不是彼此孤立的,总要有或强或弱的联系。因此,要想处理好建筑空间还必须处理好各个单一空间的相互联系。只有按照某种秩序把所有的空间有机地组合在一起,形成一个完整系统,建筑的空间布置才是合理的。显然,这一问题已超出了单一空间范畴,表现为多空间的组合。

一、基本空间关系

一幢建筑中,单一空间通过一定方式联系起来成为更加复杂的空间。其中两个单一空间之间的关系是最基本的空间关系,是衍生出更为复杂的空间关系的基础,我们把两个相邻的单一空间之间的关系称为基本空间关系,概括起来分为:包容、相交、接触和分离四种情况。

1.包容关系

包容指一个空间被包含于另一个空间内部,因此也可以形象地称为"子母"

关系(图 4.54)。

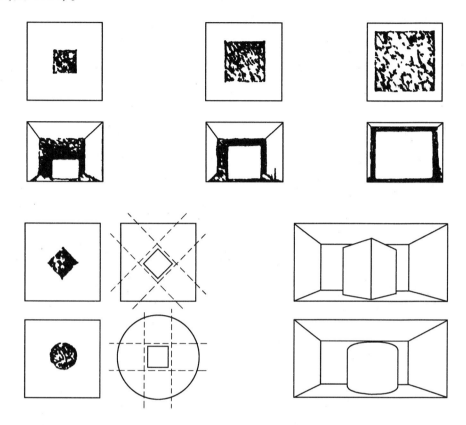

图 4.54　空间的包容关系

　　子空间成为母空间内部的空间,子空间对于母空间而言,可视为空间的二次限定,并且两者之间存在着空间或视觉上的连续性。空间上的连续使人们行为上的连续成为可能,在设置子空间时,要充分考虑到其与母空间之间的联系,让人不会受到空间边界的阻隔,这就是通常所说的围而不断,当然,具体的围合程度要根据功能要求来确定;视觉上的连续使人们在子母空间之间建立起更为直观的联系,人们可以对身处不同空间中的人或人的行为进行关注,形成人看人的局面,由空间视觉的导向性来对人的心理产生作用,这种视觉连续的最终目的是为了引起不同空间内人们心理上的沟通与交流,属于情感和感受的范畴。

　　在包容的空间关系中,封闭的母空间是作为子空间的三维空间场地而存在的,也就是说,形成子空间的限定要素以及其中人的活动,往往要像展厅中的展品一样成为母空间中人们的视觉焦点,同时又与无生命的展品不同,子空间中的人也同样有兴趣观察周围的环境,放眼母空间中的景象和人的活动。要满足这种相互展示的要求,一般需要让子母空间的大小形成较为明显的对比,当子空间远远小于母空间的容积时,人们感受到的包容效果较为强烈,相反,当母空间的容积和子空间相差无几时,大空间则成为小空间的外壳,失去了空间之间相互感受的视距。另外,为了丰富空间的视觉效果,还可以通过子空间的形状和方位变化来实现,这样一来子空间以外的空间也会跟着丰富起来。

2.相交关系

相交指两个空间相互穿插,咬合在一起,以形成公共部分。当两个空间相互贯穿时仍保持各自作为空间的完整性及界限。也就是说,两个空间各自的某一部分相重叠,形成一种你中有我,我中有你的态势,彼此之间相互沟通,共同部分可被看做是起联结作用的"特殊地带"。

从两空间相互穿插、相互沟通所形成的结果来看,一般会出现下列三种情况(图 4.55):

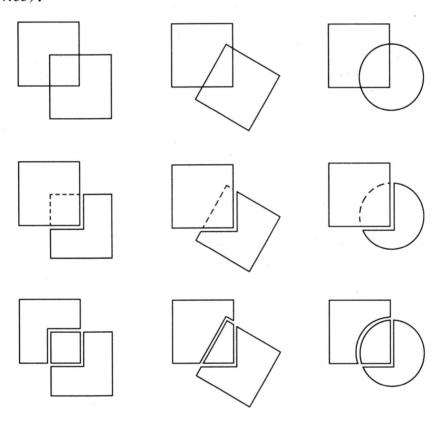

图 4.55　空间的相交关系

第一种情况为两个空间的穿插部分为双方共有,这一部分的空间特性由两空间本身的性质融合而成。

第二种情况为两个空间的穿插部分被纳入某一个空间中,成为这个空间体积的一部分。

第三种情况为穿插部分除在形体上仍为两个空间所有外,其本身已自成一体并相对独立为一个新的空间,成为原来两空间的连续空间。

3.接触关系

接触指两个空间存在共存的界面并相互能联系,接触是空间关系中最常见的形式。对于相互接触的空间之间的视觉及空间的连续程度,取决于既将它们分隔又把它们联系在一起的界面的特征。这里,界面可以是有形的,也可以是无形的。例如,用限定空间的垂直要素得到的界面基本上都算是有形的,而用水平要素界定的空间界面往往表现为无形。但无论是有形还是无形,界面总是存在的,界面形式在接触空间关系中的作用是非常重要的。

根据空间界面形式的不同,接触关系又可分为以下三种情况(图4.56):

第一种情况为垂直面划分的相邻空间。

第二种情况为垂直线划分的相邻空间。

第三种情况为以水平项或底面高度的差异不同划分的相邻空间。

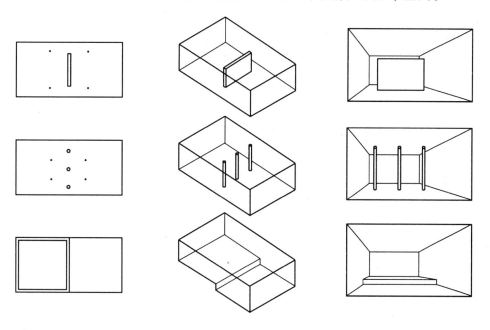

图4.56　空间的接触关系

4.分离关系

在这里,分离是指以第三个空间联系的两个空间,第三空间从而形成公共联系空间,我们也可以把它称为中介空间,它在形状及朝向上往往与所联系的空间形成差别,从而明显地表示出其联系作用(图4.57)。完全分离的两个空间不在我们的讨论之列。

这种公共空间的表现是多种多样的。它的形式和朝向可与它所联系的两个空间表现出明显的不同,以表现连续接触;它也可以与所联结的两个空间的形式和尺度相同或相近,以形成一种空间上的厚重感或韵律感。它的形式可以是规则的,也可以完全根据它所联系的空间的形式和朝向来确定。联系空间如果足够大,则形成具有组织中心作用的公共空间,以将周围空间组织起来。

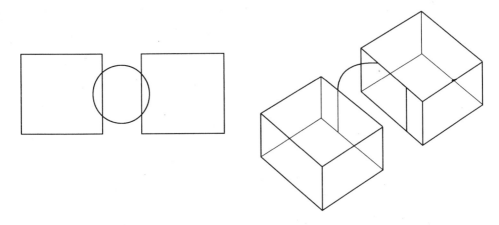

图 4.57 空间的分离关系

二、空间组合框架

在建筑设计中,房间之间的功能联系将直接影响到整个建筑的布局,组织空间时要综合、全面地考虑各房间之间的功能联系,并把所有的房间都安排在最适宜的位置上而使之各得其所,这样才会有合理的布局。这要求设计者根据建筑的功能特点选择合适的空间组合框架,所谓"空间组合框架"就是指若干单一空间是以什么方式衔接在一起的。实际应用当中,空间组合框架看起来是千变万化、多种多样的,但经过总结可以按照模式化的方法对其进行分类。总的看来,建筑空间的组合框架可以用集中式和长轴式两种典型模式来概括,把这两种模式叠加组合之后,又可由此衍生出辐射式、单元式、网格式以及混合式等多种变体。无论建筑空间的组织是何等复杂,基于理性的归纳之后,我们都可以用上面提到的空间组合框架来进行概括。

1.集中式框架

集中式是一种稳定的向心式框架,由集中的中心空间包绕以一系列次要空间,次要空间可以为相似或不同的单一空间。中心空间承担行为、交通或象征的中心,次要空间则分布以辅助的目的。

中心空间一般是规则的形式,尺寸往往要大得足以将次要空间集结在一起(图4.58)。

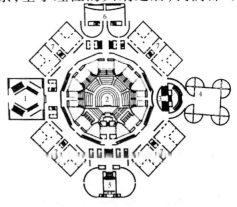

图 4.58 孟加拉国议会大厦

2.长轴式框架

长轴式框架是一种序列式的空间框架,其特征如其名称那样强调长向,表达一种方向性、运动感及增长的概念。长轴终止于主导空间或形体,也可融合于场地、地形。

长轴式框架一般有两种方式(图4.59):

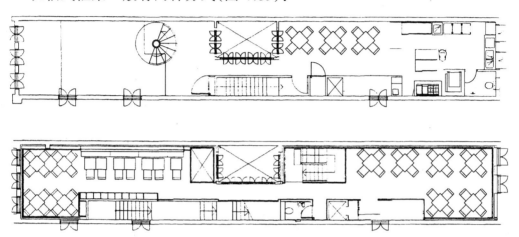

图4.59 新加坡朱迪餐厅

贯空式:各单一空间相互连通,并排列成线状,路径一直贯穿各空间。

联结式:以线状联系空间联系各个单一空间,路径在单一空间之外。这种是最为常见的框架,建筑中的通道便是这种联系要素。当然联系要素的形状不拘泥于直线一种,亦可为折线、曲线等。

3.辐射式框架

辐射式框架是从一个集中的中心出发的多个长轴体系。与集中式相反,辐射式是外向式框架,它通过各伸展的"翼"与周围空间环境相适合(图4.60)。

辐射式的中心空间也常为规则的形状。以中心空间为核心的各翼在长度和形式方面常依照环境条件的变化而变化,但应保持整体组合的规则性。

图4.60 某机场候机楼的辐射式布局

风车形平面是辐射式框架的特例,它的各翼沿正方形或规则形状空间的各边向外延伸形成具有运动感的图形,在视觉上产生旋转的联想(图4.61)。

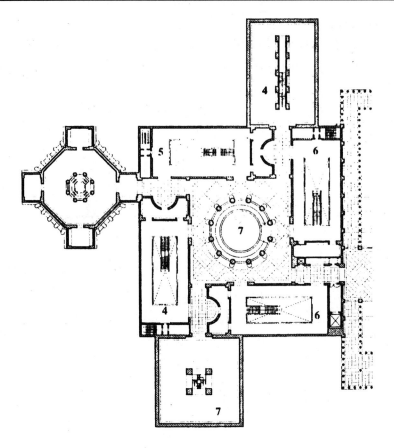

图4.61 台湾史前博物馆 格雷夫斯设计

4.单元式框架

单元式通过几个格式相同或类似的空间组合单元的联系而形成整体,这些格式空间具有类似的功能并在朝向及形状上具有共性。各单元具有类似集中式组合的联系,但不一定具有明确的中心单元,单元内部也趋向于紧凑的集中组合,不一定具有规则的中心空间(图4.62)。

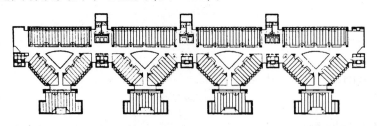

图4.62 瑞士哥特哈德银行 马里奥·博塔设计

同单元式的形体框架一样,单元式空间框架包含了空间的可增长性,整体和局部的同构性等概念。在空间布局上,单元式具有灵活、随机性等特点。

5.网格式框架

网格式框架将空间或空间单元规整为统一的三度匀质体系。网格的组合力来自图形的规则和连续性。网格图形在空间中确立了一个由参考点和参照线所联结而成的固定场位,以此确立共同的关系(图4.63)。

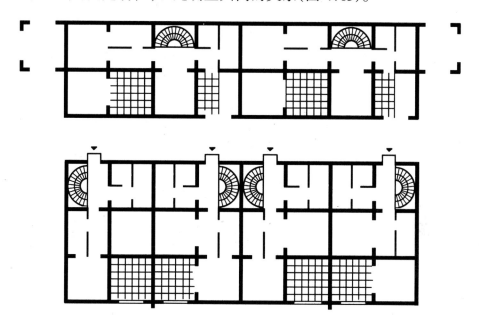

图4.63 维也纳模楼住宅 海因茨·埃克哈特

6.混合式框架

多数建筑空间事实上没有明确的框架,而是在集中与长轴式框架之间随遇的转换与交替。中心空间多形成交通功能和象征意义的"厅",而长轴则形成联系各单一空间的"通道"。这种混合式框架不必追求明确的规律性,但集中与长轴两种基本的组织方式则是基本的要素,它们在局部中占据主导地位(图4.64)。

三、空间组合的处理手法

建筑室内空间组合的处理手法多种多样,其中最基本和常见的有以下几种:

1.分隔与联系

建筑的室内空间组合从一定意义上说,就是根据不同的设计要求,对空间在水平与垂直方向上进行灵活的分隔与联系,使空间能够更好地满足人们各种活动的需要。空间的分隔与联系对空间设计的整体效果起着决定性的作用,采取什么样的方式,既要根据空间的性质特点和使用要求,又要考虑空间的艺术特点和人的心理需求。

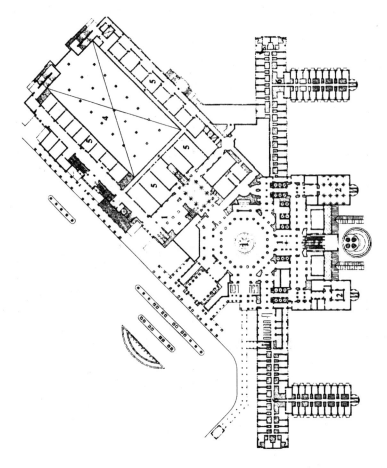

图4.64　迪斯尼世界海豚旅馆　格雷夫斯设计

　　空间的分隔与联系可以分为三个层次：室内外空间的限定、内部各空间的限定和同一空间不同部分的限定。首先是室内外空间的限定，如建筑的外墙、入口、天井、内部庭院等，都与室外空间紧密地联系。如何使室内与室外空间既划分有序，而又相互融合，体现出室内外空间的相融共生的关系成为设计的重点。其次是建筑内部各空间的限定。我们既要使建筑内部空间的安排功能合理，同时还要进一步考虑空间给人的精神感受。空间的私密与开放、静止与流动、过渡与引导、序列与秩序……都是通过具体的空间分隔与联系的手段来实现的。最后是单一空间内部的再限定，可以通过内部的装修、家具的布置、陈设的摆放等方式来进行。应该注意的是，上面所说的几个层次的划分是相对的，它们既有区别又有联系，应该统一在建筑空间组合的整体设计与风格创造中。

　　室内空间的分隔包括竖向分隔与横向分隔两种基本形式。竖向分隔又可以分为通隔与半隔。所谓通隔，就是分隔面从地面直通天棚；半隔则指分隔面只占据纵向空间的一部分。分隔面可以是实面，也可以是虚面或透明材料。横向分隔因分隔面高低与大小的不同，效果也不一样。竖向分隔的形式有竖断、围合等方式,横向分隔则有凸起、凹陷、架空、覆盖、肌理变化等(图4.65)。

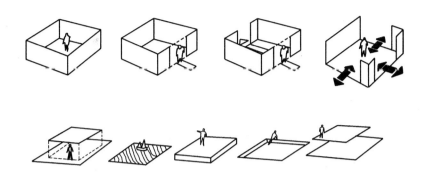

图4.65　空间的分隔

空间分隔的限定主要通过面的限定进行,实面与虚面在限定程度上差异很大。通透者,隔中有联,主次有秩;显露者,显而不通,实隔而意通。具体实施的办法有开洞、半隔、透过等。开洞既有上中下位置变化,也有形状及大小的变化。半隔的空间之间既有明确的限定,相互又是连通的。通常多采用透射率或反射率高的材料或漏花做法,如花墙、格栅和半透明的玻璃……显而不明,透而不通,反而具有更大的诱惑力(图4.66)。

图4.66　某酒吧室内

空间的分隔与联系的手段多种多样,主要包括以下几种:

承重构件的分隔,如墙、柱、楼板及楼梯等,这些都是对空间的固定不变的分隔因素,因此在空间组合处理时应特别注意承重结构构件的影响(图4.67);非承重构件的分隔,如轻质隔断、帷幔、装饰构架、家具、绿化、照明以及水平面的高差、色彩与材质的变化等,都可以起到空间的分隔与联系作用(图4.68)。

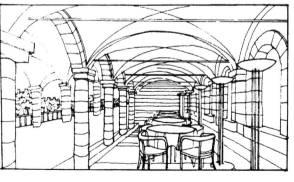

图4.67　某开敞式餐饮厅

设计时应注意构造的坚固性和装饰的整体性,并精心安排各构件的高度和虚实强弱的变化,创造出自由灵活、虚实得宜的良好内部空间环境。

2.对比与变化

室内空间在形式上会出现各种各样的差异,差异越大,对比越强烈,使人们在此空间进入到彼空间的过程中体验到各自的特点,并引起心理的变化和快感。对比与变化可以通过形状、尺度、色彩、肌理、方向等手段来达到,主要有以下几方面:

(1)形状对比:指两个以上形状的空间组合在一起,在某一程度上产生差异性,从而引起视觉与心理上的对立感。在不同形状的空间对比时,较特异的形状容易成为重点。当然,空间的形状与空间的功能存在着必然的联系,我们必须在功能允许的情况下来适当变化空间的形状,取得空间变化的目的与效果(图4.69)。

图4.68 某室内梁柱与网架的分隔

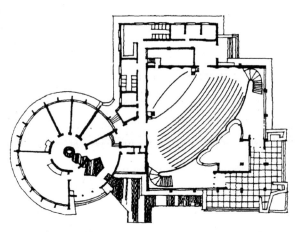

图4.69 某市政府会议厅

(2)体量对比:相邻的两个空间,如果在高低、大小方面相差较大,就会使人们在进入时引发情绪上的变化。比如由窄小低矮空间进入宽阔高大空间,会产生豁然开朗的感觉;反之则会使人产生压抑阴暗的感受。在实际应用中多采用"先抑后扬"的手法,先有意识地创造一个窄小空间,欲扬而先抑,一旦进入高大的主体空间,则会引发强烈激动与振奋,从而更有利于突出主体空间(图4.70)。

(3)开敞与封闭的对比:空间开敞与封闭的律动变化,为建筑内部空间带来丰富的多样性与迂回曲折的趣味性。空间的开敞与封闭取决于空间围合与封闭的程度,取决于界面高低虚实的变化。一般而言,采用虚的界面如多洞口或透明度高的材料,会使空间开敞明亮,心情开阔舒畅;而实的界面的运用,会使

图 4.70　空间体量的对比

空间显得封闭安静,让人产生更强的私密性和安全感(图 4.71)。

(4)方向对比:具有不同方向的空间组合在一起,空间方向的改变会产生强烈的对比作用,纵向空间显得愈发深远,富于闭合感和期待感;横向或方形空间则呈现出更为舒展、宽阔的开敞感,与前进方向成直角的横向空间使人感到顾盼有情,容易成为主体空间;圆形平面的空间具有向心感,使空间具有凝聚力与向心力,容易成为视觉中心和主体空间(图 4.72)。

3.衔接与过渡

空间衔接与过渡,与空间使用功能和活动需要直接相关。比如进入居室前有小前厅作为缓冲地带,可以脱鞋、换衣,并提高家庭安全性与稳定性。影剧院、餐厅等公共建筑的主空间前设立过渡空间,既减弱了使用者由外入内明暗变化过于强烈的不适感,而且提高了使用规格和档次。有时过渡空间还起到功能分区的作用,作为动与静、净与污等不同功能区的过渡地带。这说明过渡空间具有实用、私密、安全、礼节、等级等多种性质。同时,过渡空间还同空间艺术形象处理有关。通过过渡空间,一方面会带来空间的收缩或扩张,从而产生抑扬顿挫的节奏感;另一方面通过欲扬先抑、欲明先暗、欲高先低、欲阔先窄、欲散先聚等手段的运用,会使人产生"柳暗花明又一村"的心理感受。

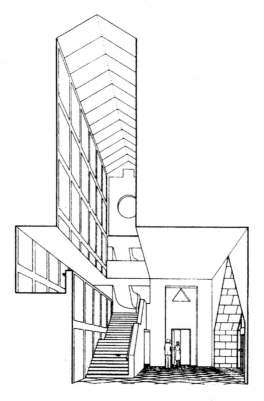

图 4.71　塔特美术馆室内一角　斯特林

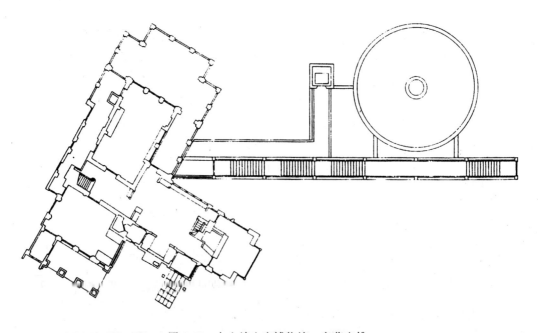

图 4.72　大山崎山庄博物馆　安藤忠雄

过渡空间作为内外、前后空间之间的媒介和转换点，无论是在功能上还是在艺术创作上，都有独特的地位和作用。内外空间的过渡，多在入口处设置门廊。门廊作为一种开敞形式的空间，作为室内外空间的衔接体，兼有室内外空间的特点。前后空间的过渡，可以利用卫生间、楼梯间或辅助性空间的间隙，将过渡性空间比如过厅等插入。这样做一方面有利于节约建筑面积，另一方面可以通过过渡空间从主要空间进入次要空间，既保证了主要空间的完整性，又避免了从大空间进入小空间时产生过于突然的感受（图4.73）。

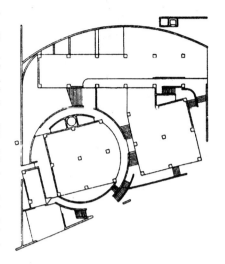

图4.73　Collezione　安藤忠雄

有些建筑的内部空间因条件的限制或追求艺术效果，会在方向上有转折。在转折处布置过渡空间，可以避免内部空间硬性相接带来的不自然和生硬感，使空间效果既流畅而又富有变化（图4.73）。另外，有时顺应结构设计，可以利用两个大空间之间在柱网排列上设置的伸缩缝或沉降缝，巧妙地设置过渡性空间，既有效地利用空间，又使得建筑结构体系层次更加鲜明。

4.重复与节奏

所谓空间重复，就是在空间的组合中反复使用一种或几种基本形。这种方法可以使室内组合空间有简洁、明晰的特征，同时可以创造空间组合的节奏感。空间的重复是相对于空间的对比而言，只有空间的简单重复，可能会使人觉得过于单调；而过多对比空间的运用，又会使空间显得杂乱无章。只有将对比与重复这两种空间组合手法结合在一起使用，使之相辅相成，才能使空间效果显得既统一而又富于变化。我们常常见到西方古典建筑采用对称式布局的平面，沿中轴线纵向排列的空间多变换形状或体量，借对比求取变化；而横向排列的空间，则两两相对应地重复出现来取得统一（图4.74）。

最简单的重复形式是空间元素沿线形布置的模式。在空间的重复中并不需要所有的元素都必须完全相同，他们只要有同样的特征、有公分母，允许每一个元素有其独特性却仍属于一个族群。这种空间组合冷眼看变化很大，其实都是母题空间的再现，即排在后面的空间形态含有

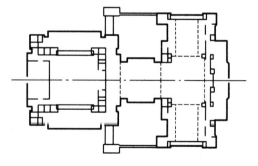

图4.74　某教堂平面

母题性空间,因而具有良好的条理性和秩
序性。比如建筑师贝聿铭设计的美国国
家美术馆东馆,建筑外形以及内部空间都
以三角形为母题,空间相互穿插叠合,既
丰富而又充满和谐的韵味(图4.75)。

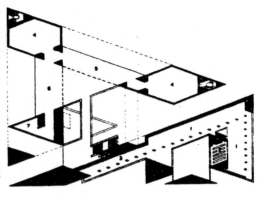

图4.75 美国国家美术馆东馆 贝聿铭

许多建筑内的各部分空间由于功能
基本相同,自然地形成了空间的重复运
用,比如学校建筑、幼儿园建筑、办公建筑
以及大型的公共建筑,如图书馆、展览馆、
会展中心等。这时候内部空间组合要注
意:不要以一种简单的方式过多地重复,
否则会使空间效果变得单调而又无趣。采用的办法一个是插入活跃元素,如采
用过渡空间等打破这种简单的重复,或者加强部分空间的对比,求大同而存小
异(图4.76)。另一种办法就是改变单一的排列方式,以获得韵律和节奏感,比
如采用空间再现的方法。

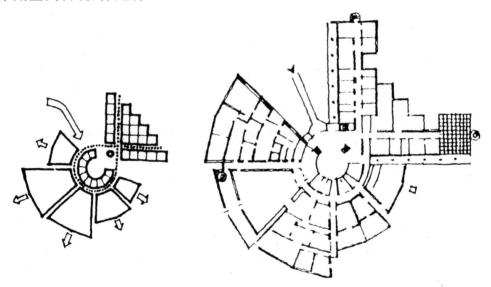

图4.76 格拉茨圣彼得广播电台

空间再现是指在现代建筑中我们会有意识地选择某种形式的空间作为基
本单元重复地运用,每个单元并不一定要直接连通,可以与其他形式的空间互
相交替、穿插地组合运用形成空间系列。人们在空间行进的连续过程中,可以
感受到相同的空间单元有规律地交替出现,空间的起伏变化会产生强烈的节奏
感和韵律感,而由于相同或相似的空间被分隔开来,人们不能一眼看出重复性
而需要留心体验,进一步增强空间效果的趣味性(图4.77)。

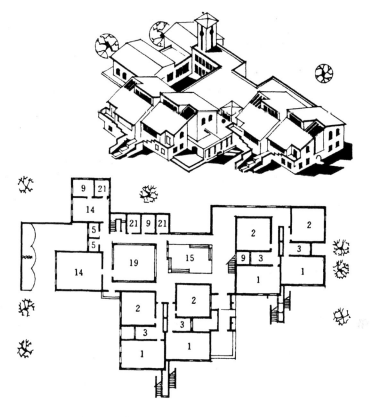

图 4.77 某八班幼儿园

5.引导与暗示

空间的引导与暗示是指通过空间处理,自然含蓄地使人在不经意中沿一定方向或路线依次进入另一个空间,以达到突出主体空间的作用。既便于人们到达,同时也可以让人感受到出其不意的空间效果,避免了一览无余,曲径通幽的感受,增强了空间的游赏性与趣味性。

空间组合的引导,应根据不同的空间布局来组织。一般而言,规整、对称的布局常借助于强烈的轴线来形成导向。而自由组合的空间布局,空间相互环绕活泼多变,常见的引导方法有以下几种:

(1)利用空间的灵活分隔,暗示出另外空间的存在。在空间分隔中,减弱空间分隔限定程度,运用开洞、半隔、透明以及一些象征性的分隔手法等,增强空间的流动性和可预期性,从而引导人们在期望的驱使下进入到下一个空间(图4.78)。

(2)利用垂直通道暗示高层空间的存在。楼梯、踏步、电梯、坡道等由于本身所具有的方向性和功能暗示,诱惑着人们去发现阶梯另一端的天地。特别是一些特殊形式的楼梯,如旋转楼梯、景观电梯、自动扶梯等,具有更大的空间诱惑力,能够有效地将人流从低层引导步入到高层去,这也是许多商业建筑大量采用它们的原因之一。

（3）利用空间界面处理，暗示出前进的方向。带有方向性的空间界面，如墙面的色彩、线条，结合地面与天棚的装饰处理，可以有效地暗示和强调人们行动的方向和提高人们的注意力。因此室内空间界面的各种韵律构图和象征方向性的形象性构图会使空间具有强烈的导向作用（图 4.79）。

（4）利用曲线引导人流，暗示另一空间的存在。曲线或曲面形式，也就是通常讲的"流线型"，具有阻

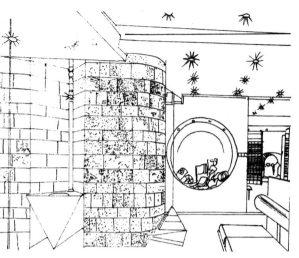

图 4.78　某门厅空间处理

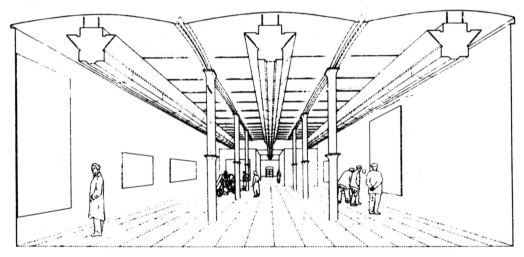

图 4.79　某展厅室内

力小、流畅舒展、动感强的特点，为空间带来流动性和明显的方向性，引导人的视线与行为。用弯曲的墙面、蜿蜒的列柱与柜台乃至曲线形态的灯光等引导人流，会让人充满期待，起到顺畅、自然而然的导向效果。

6.渗透与层次

所谓渗透，就是指相邻的空间在视觉上相互连通、相互因借，呈现"你中有我，我中有你"之势。没有层次的空间，一目了然，会失之于单调，缺之回味。有渗透才会有层次，才会有空间的流动。隔着一层或透过一个画框去看，这种带有模糊、疑惑的处理，较之全面景观更加优美动人，使人在步移景异中，通过不期而遇的空间体验，获取一份惊奇和愉悦。

　　在我国古典园林建筑中常通过"借景"的方法来增强空间的渗透与层次,让人的视线超越空间的界限,获得层次丰富的视觉景观。国外很多教堂建筑内部空间柱子成排,既很好地划分了中央主空间与两侧的附属空间,又促进了空间之间的流通与渗透。到了近代,由于框架结构的广泛应用,为自由灵活地分隔空间创造了条件。空间之间的连通、渗透,已经被大量运用在空间的创造中,使空间的流动性越来越强,层次也越来越丰富。

　　获得空间渗透的方法通常有以下几种:

　　(1)围而不闭。空间被分隔但不被围闭,空间之间可以相互为对景、远景或背景。模糊了空间之间的界限,增强了空间之间的连续性与流动性。比如将围合空间的面减少,将一个或两个面打开,都会达到空间渗透的目的(图 4.80)。

图 4.80　住宅室内空间

　　(2)横向连通。通过空洞与缝隙扩张空间,并作为空间引申的手段,比如采用透空的隔断、墙上挖洞、列柱、连续的拱廊、透空的栏杆等来分隔空间,使被分隔的空间保持一定的连通关系,以利于空间的渗透(图 4.81)。

　　(3)纵向连通。渗透既可以是水平方向的渗透,也可以是垂直方向的渗透。在垂直方向上经过合适的处理,也会形成上下空间相互穿插、渗透的空间效果。比如采用中庭、回廊、夹层等空间处理办法,都可以使纵向的空间互相穿插渗透得到充分体现(图 4.82)。

| 图 4.81　列柱分隔室内空间 | 图 4.82　纵向空间的穿插渗透 |

（4）透射与反射。采用玻璃等具有透射性能的材料使视线穿过,有效地限定了空间,既保证了内部小气候的稳定,又保持了视线的连续性(图 4.83)。利用镜子等反射材料,将相邻空间的景色引入,扩大了景域,尤其适用于面积紧张的小空间。

7.序列与秩序

空间的序列,简单地说就是指空间的先后次序,即为了展现空间的总体秩序或者突出空间的主题而创造的空间组合。空间序列的安排通常应该以活动过程为依据,人们在空间中的运动是一个连续的过程,因而空间的连续性和时间性的有机统一就成为空间序列的必要条件。同时空间序列的创造还要考虑到人在空间内活动的精神状态,通过艺术手段的处理使人在行进过程中获得良好的视觉效果和空间体验。

图 4.83　玻璃的透射

一个较复杂的空间组合的序列,往往分为几个阶段:前奏、引子、高潮、尾声等。前奏是序列的起始与开端,引起人的注意并指向到后序空间中去。引子是前奏后的展开与过渡,对高潮的出现具有引导、酝酿、启示与期待作用。高潮是整个序列的中心与重心,是序列的精华与目的,应充分考虑到期待后的心理满足并将情绪激发到顶峰。尾声以从高潮恢复到正常状态为主要任务,好的尾声会使人在高潮后充满回味,景断而意未尽。

图4.84 港澳中心大厦

不同的空间性质、规模和环境等因素决定了空间序列的设计手法的不同。序列的布局、长短、高潮的选择,都直接影响空间序列的效果:

(1)序列的布局。序列布局可以分为对称与非对称、规则与自由等基本模式。空间布局的线路,也有直线、曲线、迂回、循环、盘旋、立体等不同形式。空间性质直接影响空间序列布局的选择。通常追求庄严肃穆效果的建筑如纪念性、政治性以及宗教性等建筑,多采用对称与规则的布局形式(图4.84);而追求轻松活泼效果的建筑如观赏性、娱乐性以及居住建筑等多采用非对称与自由式布局(图4.85)。

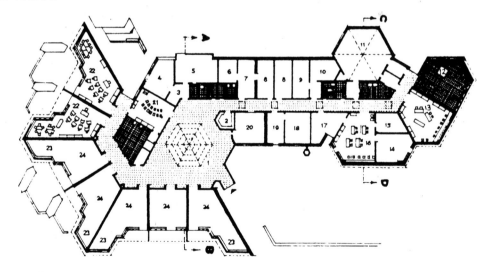

图4.85 某旅馆平面

(2)序列的长短。要根据空间类型、性质以及要达到的空间层次效果来选择。序列越长,高潮出现得越晚,空间层次也必然会越多。因此长序列的室内空间常常用来强调高潮的重要性、高贵性与宏伟性,如某些纪念性与观赏性空间序列。短序列的室内空间则促进了通过的效率与速度,比如各种办公、商业、交通等公共建筑,应以快捷、便利为前提,空间的迂回曲折应尽量降低到最小程度(图 4.84)。

(3)序列的高潮。高潮应该以着重表现的、集中反映建筑性质以及空间特征的主体空间作为对象,使之成为整个空间序列的中心与精华所在。在长序列的室内空间中,高潮的位置通常在序列中偏后,以创造丰富的空间层次和引人入胜的期待效果。而短序列空间由于空间层次少,往往使高潮很快出现,应安排在最重要的位置,比如商业建筑常将高潮放在建筑的入口或中心处,以引发出其不意的新奇感和惊叹感。为了更加突出高潮,高潮前的过渡空间多采用对比手法,如先抑后扬、欲明先暗等,从而强调和突出高潮的到来(图 4.86)。

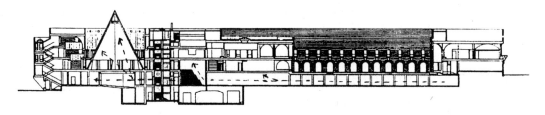

图 4.86　耶路撒冷高等法院剖面

前面提到的几种空间处理手法,虽然都有相对的独立性,但就整个空间序列而言,还是属于局部性问题。如果空间没有一个整体秩序,无疑会成为一团散沙。内部空间序列的组织实质上是对各种内部空间组合处理手法的综合运用,其目的就是将空间组织成为一个具有整体感的、连续中见节奏、统一中有变化的丰富的空间集合。

第五章 建筑外环境

建筑设计不可能不面对"环境"的问题:一方面,每一幢建筑都必然属于一个特定的环境,凭借自身固有的特征与这个特定的环境保持良好的共生关系;另一方面,新建筑又在不断地改变着原有的环境,使新环境能够满足不同时期人们的实际生活需要。因此,从环境的角度来看,人类的建筑活动是在寻求着顺应环境和改造环境的合理的平衡。

第一节 建筑外环境的基本概念

一、环境与建筑外环境

我们所说的环境通常是指相对于人的外部世界。环境的涵义范畴十分广泛,有生态意义、景观意义上的,也有政治、经济、文化意义上的。在对环境问题的研究中,不同的学科领域一般都有着自己的概念界定和研究重点;同时随着人类社会的不断发展和人类活动领域的日益扩大,"环境"的概念范畴也不断增添着新的内涵。

从建筑学领域而言,所谓的环境一般是指城市景观环境,它主要包括自然环境和人工环境两个部分。自然环境就是指自然界中原有的山川、河流、地形、地貌、植被及一切生物所构成的地域空间;人工环境是指人类改造自然界而形成的人为的地域空间,如城市、乡村、道路、广场等。自然环境和人工环境协调发展构成的城市景观环境是城市内比较固定的物质存在物,与人们的日常生活息息相关。在这里人们根据自己的喜好选择环境,也时时刻刻在改造环境,使各种环境更适合当代人的生理、心理需求。

建筑外环境是城市环境的有机组成部分,是以建筑构筑空间的方式从人的周围环境中进一步界定而形成的空间意义上的环境。例如,公园、广场、庭院、街道、绿地等都是为满足人们的某种日常行为而设置的建筑外环境,整个城市环境就是一系列建筑外环境的集合。在外环境中建筑往往扮演着重要的角色,但更重要的是,它是作为外环境的有机组成部分而存在的,建筑外环境还包括硬地、水体、绿化和环境小品设施等,它们和建筑物一起构成了建筑外环境的基本部分。

二、建筑外环境的形成

建筑外环境并不是无止境的自然空间,而是人们创造的人为环境。芦原义信在《外部空间设计》一书中指出:外部空间的产生是从人们在自然当中限定自然开始的,它与无限伸展的自然不同,是由人创造的有目的的外部环境,是比自然更有意义的空间。例如,在平淡无奇的土地上做一道墙,这道墙便分割了空间,出现了一个适合于恋人凭靠倾谈的空间。再如,旷野中的一棵参天大树只是大自然的美丽景致,而铺装广场上的绿树则为人们创造出了适合于聚集交流、遮阳休息的外部空间(图5.1、5.2)。

建筑外环境是随着人类建筑活动的开始而产生的。当原始人开始建造粗陋的住屋时,外环境也随之出现了,并随着人类建筑活动的复杂化而逐渐变得丰富多采。实际上,外环境的形成和发展要受到政治、经济、科学、技术、文化、意识形态等诸多因素的影响,是一个漫长的过程。同时,在具体的设计中还要考虑自然条件、城市文脉、使用者的特殊要求等等一些因素的制约作用。正是这些主客观制约因素的不断变化影响着建筑外环境的形成,并推动其一步步走向完善。

图 5.1 一段墙壁的出现使人的活动有所依托

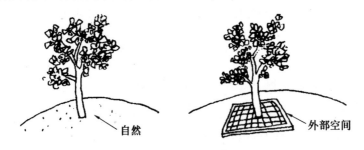

图 5.2 在自然当中由边框框起的一棵树创造出外部空间

三、建筑外环境设计的类型

建筑外环境设计是建筑设计过程中的重要内容,由于制约建筑外环境形成的因素比较复杂,使得在实际的设计过程中常常面临不同的情况。因此,在设计过程中明确设计对象和应考虑的范围、合理确定外环境的规模和各个阶段的任务显得尤为重要。为了便于后面的研究,在这里我们考虑以外环境的空间形

态作为主要出发点,把外环境设计对象划分为三类:

(1)单体建筑外环境:是因建筑占领,构成空间所形成的。在建筑没有满铺基地情况下,建筑师在进行建筑设计时一般都需要对外环境有统一的考虑。如通过绿篱、花坛相隔,或者运用不同的铺地以达到内外环境的区分,形成一个相对独立主要为内部人员使用的外部环境。

(2)组团建筑外环境:是因组团建筑围合而构成空间所形成的,其代表是街道和广场环境。

(3)群体建筑外环境:这类建筑外环境涉及的范围比较广泛。这其中又可以分为两类:一类具有独立性较强的特点,如居住小区、学校校园等;另一类混合于城市环境之中,公共性较强,如中心办公区,商业区等。

这三类外环境从尺度上看逐渐扩大,大尺度的环境往往包含着小尺度的环境。一般情况下需要先进行群体或者组团建筑外环境设计的总体规划,再分为单体建筑外环境逐一实施。由于篇幅的关系,在以后的章节里我们的探讨将主要针对与前两类建筑外环境相关的内容,并主要从建筑构成空间的角度出发来进行研究,即对建筑外部空间形态的研究将成为我们的主要出发点。

第二节　建筑外环境的构成要素

在外环境中,能让人们感受到的每一个实体都是环境的要素,比如草坪、花坛、铺地、水池、座椅、雕塑以及环绕周围的建筑……也正是通过这些实体要素不同的表现形态和构成方式使人们获得了丰富多采的生存环境。这些环境要素作用于人们的感官,让人们感知它,认识它,并透过其表现形式掌握环境的内涵,发现环境的特征和规律。

在建筑内部空间的探讨中我们将构成建筑内部空间的实体要素分为三类:即顶面、基面和墙面。如果以同样的方式来分析建筑外部空间,我们会发现构成外部空间的实体要素只是缺少了顶界面,因此,也有人将外部空间称为“没有屋顶的建筑”。这样,基面要素和围护面要素就成为外环境设计中的决定性因素,它们和若干外环境之中的设施小品要素一起组成了建筑外环境的实体三要素。基面要素按其表层的特征可分为硬质基面和柔性基面。硬质基面是指铺装了人工材料的地面;柔性基面是指自然形成或运用自然材料构成的基面。围护面要素相当于内部空间构成中的墙壁,用于围合或分割空间,如建筑、围墙、绿篱、水幕等都可以作为围护面要素而存在。在进行外环境设计时,除了各种建筑要素,还比内部空间多了绿化、水体和山石等自然形态的构成要素。构成建筑外环境的实体要素主要包括:建筑、场地、道路、水体、绿化、小品与设施等。

一、建筑

环境中建筑的形态、尺度以及它们之间组合方式的变化直接关系到所构成的外部环境的性质和空间形态的基本特征，同时也为其他外环境实体要素的设计提供了依据。

1.建筑外环境的空间形态

建筑外环境的空间形态非常复杂，在具体的设计过程中为了能够明确设计对象及相关因素，可以从建筑与其所构成的空间特征出发，将建筑外环境（图5.3）分为五种典型形态：

（1）单体建筑围合而成的内院空间；

（2）以空间包围单幢建筑形成的开敞式空间；

（3）建筑组团平行展开形成的线形空间；

（4）建筑围合而成的"面"状空间；

（5）大片经过处理的地带，远离建筑又不同于自然的空间。

但通常我们所见到的外环境并不都具有如此典型的空间特征，常常一些外环境的空间形态介于两种典型形态之间，另一些则可能是几种典型空间的组合。

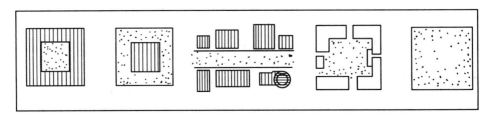

图 5.3　五种典型的外环境类型

2.外环境中建筑的作用

建筑以各种方式组织起来形成外部空间，这些建筑可以作为围合要素、分割要素、背景要素；主导景观、组织景观、围合景观；以及充当景框、强化一些空间中的特征等等。下面我们将针对其两种主要的作用进行讨论。

（1）外环境的标志。当外环境中的建筑只有一幢时，通常是作为中心性要素而出现的。在这种情况下，建筑作为主体控制着整个环境空间，成为外环境中的景观中心和视觉焦点（图5.4）。

为了突出其作为环境主体的特征，对建筑形式和尺度的把握显得尤为重要。通常，建筑是雕塑式的、纪念碑式的，具有鲜明的标志性。当它的形象与该形象的逆空间之间没有渗透作用，二者的形象共同取得均衡时，其标志性越发显得突出,对环境的控制作用也越强。而如果有扰乱逆空间的其他形象在其附近出现时,二者的均衡会有所破坏,其标志性会有所削弱,但也会相应地增加灵活性和趣味性(图5.5)。由于单体建筑对外环境的控制是以自身为核心向外扩散的,所以外环境中建筑的尺度与它所能控制的环境范围有着直接的关系。一般来说,建筑的尺度越大它所控制的外环境范围也越广,但这必须在满足建筑的尺度与所处环境的比例关系适宜的前提下。尺度偏小的建筑难以控制住较大的环境范围,但如果环境中的建筑尺度偏大则会对外环境造成压迫感,从而容易失去观赏主体建筑的最佳视点。根据芦原义信在《外部空间设计》一书中的分析:人的眼睛以大约60°顶角的圆锥为视野范围,这样,建筑物

图5.4　哈尔滨圣索菲亚教堂广场中的主教堂

与视点的距离(D)与建筑高度(H)之比 $D/H = 2$,仰角 $= 27°$ 时,可以较好地观赏建筑;当 $D/H < 2$ 时,就不能看到建筑整体了(图5.6)。

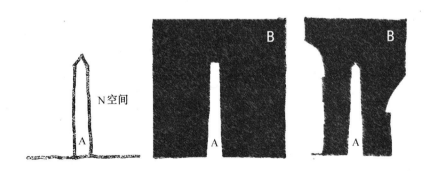

图5.5　建筑形象与其逆空间的关系

　　(2)外环境的边界。在外环境中两幢建筑同时出现时,二者之间就开始有干扰力量在起作用,造成了有几分封闭的空间;如果这两幢建筑外墙面凹凸复杂,

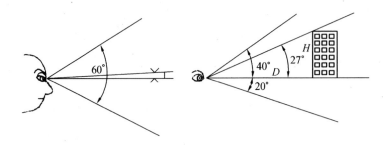

图 5.6　建筑高度、视距及视角的相互关系示意图

由外墙构成的阴角空间就可以造成各种有趣味的角落;而当组合的建筑由两幢以上的群体构成,建筑单体的形体、尺度以及它们之间组合关系的不同,就会使得建筑物之间的空间更加富于变化(图 5.7)。在组团建筑外环境中,建筑对外部空间形态具有决定性作用。由建筑组合形成的最为确实的外环境边界,创造出从周围边框向内收敛的外部空间,同时也将该环境与其他相临的外环境明确地划分开来。

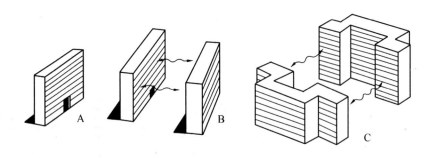

图 5.7　从单幢建筑到形体复杂的两幢相临建筑的外部空间

在建筑组团围合而形成的建筑外环境中,建筑既是主角又是配角。一方面外环境的空间形态依赖于"建筑边界"的存在,另一方面在实际的使用过程中,人们更关注的是由这些边界围合而成的"空间"的质量。以意大利中世纪的城市广场为例很容易说明这一点:锡耶纳的坎波广场是从 11 世纪末经过两个世纪发展起来的,周围五六层的建筑包围着中央扇形的广场,九个扇形部分向广场的主体建筑倾斜,形成了一个适合于举行活动的布置。广场周围的建筑群,其高度和窗子的比例形形色色,但又呈现出"多样的统一",而建筑所围合的外部环境真切地给人以"没有屋顶的建筑"的感觉。在这里,人们休息、交谈、饮酒、娱乐,绝大部分时间都在这个室外的"起居室"度过。这时已经很难分清究竟是建筑还是建筑所围合的空间是外环境中的主体了。

在组团建筑外环境中建筑高度(H)与相邻建筑间距(D)的比例关系对外部

空间形态具有重要影响。根据芦原义信在《外部空间设计》中提出的观点：以 $D/H=1$ 为界线,是空间质的转折点。随着 D/H 比 1 增大,即成远离之感;随着 D/H 比 1 减小,则成迫近之感;$D/H=1$ 时,建筑高度与间距之间有某种均匀存在。但当 $D/H>4$ 时,建筑互相间的影响已经十分薄弱了;而当 $D/H<1$ 时,两幢建筑开始互相干扰,再靠近就会产生一种封闭的感觉。因此,当广场的宽度(D)与周围建筑物的高度(H)之比大于等于 1 且小于 2 时,即 $1 \leqslant D/H < 2$,为具有围合感的宜人尺度(图 5.8)。

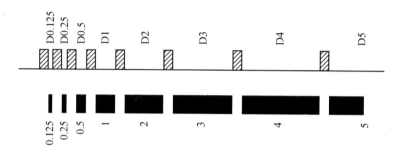

图 5.8 $D/H=1$ 是空间构成上的转折点

3. 建筑小品

在建筑外环境中还有一些建筑物或构筑物,它们的功能单一,尺度较小,不足以对整个外环境起到控制作用,但却常常是局部空间的视觉焦点或者在局部空间的围合和划分上起着重要的作用。如绿地中的凉亭,如果单纯从环境景观的角度来看,它们的作用有点类似于雕塑,在外环境的局部起到点景的作用;而花架、连廊则在局部空间处理中对划分空间、围合空间、引导人流、形成对景等方面起着重要的作用。由于这些建筑小品既可以满足一定的使用要求,又能够增添空间层次,活跃空间氛围,因此也是外环境中十分重要的构成要素(图 5.9)。

图 5.9 造型别致的木质花架成为局部空间的视觉焦点

二、场地

广义的"场地"涵盖的范围十分广泛,可以用来指基地内所包含的全部内容所组成的整体,而在这里,场地是用来特指外环境中硬质铺装的地面,是供人们聚集、停留的室外活动场地。

1.场地的分类

一般来说,人们的每一种室外活动都需要有相应的活动场地与之相适应。例如,市政广场是公众政治集会的地方,重大的庆典活动通常会在这里举行;休闲娱乐广场具有欢乐、轻松的气氛,用来满足人们文化交流、观赏、表演、休憩等活动的要求;儿童游戏场配合各种儿童游乐设施,是孩子们最喜欢的天地。因此,按照场地使用性质的不同,可以将其简单地划分为诸如市政、纪念、文化、宗教、商业、交通、体育、休闲等等以满足某一类活动为主的专用场地,以及集多种使用功能于一身的综合性场地。

如果按照场地的规模和其在城市结构中的作用,场地可以分为下面三类:

(1)城市广场。城市广场通常位于城市的重要部位,是公众特定行为的集中地,在广场的周围常建有重要的公共建筑,使得其成为城市结构中的重要节点。城市广场是体现城市特色的窗口,常常当人们看到了富有个性的广场后,就会对所到过的城市产生深刻的印象,意大利的罗马就以其众多的广场而举世闻名(图 5.10)。

图 5.10 意大利圣马可广场

(2)街头小广场。街头小广场是城市道路的派生场地,是城市道路与建筑领域之间增设的必不可少的缓冲空间。它可以是建筑后退出来的前庭,也可以是斜路相交的剩余空间,可以是人流的集散点,也可以是路旁的行人休息场所。小广场的面积一般不大,但形式多样,可"见缝插针",它们如同城市的呼吸器官,使建筑密集的地方具有了"透气"的空间。街头小广场的主要功能是方便附近的居民户外生活,为此,这类广场在面向街道的同时,背后通常有建筑或绿化围合以令人感到有所依靠(图 5.11)。

(3)建筑周边场地。建筑周边场地是指有独立领域的一些单体建筑周围的场地或其内院。这类场地一般相对独立,在设计中常运用围墙、绿篱、花坛相隔,或者运用不同的铺地以达到内外环境领域的区分;也有一些时候场地是开放的,与周围的其他场地相联系。

2.场地的形态

场地的形态一般可分为两种:规则的形态和不规则的形态。

规则的场地是大型广场经常采用的形式,它具有理性的秩序,给人以崇高、庄严、肃穆的感受,但也容易产生空旷、单调、缺少人情味的缺点。所以,在设计时常通过空间的划分、层次感的创造以及规则的形态中包含不规则要素等方法,丰富场地给人的视觉与心理感受(图 5.12)。

图 5.11　利用道路相交形成的三角地带设计的街头小广场

图 5.12　吉林世纪广场

不规则的场地如果只是轻微的,通常并不易察觉,但两边不平行的建筑可使人产生错觉——将远景拉近或推远,产生特殊的空间感受。随着不规则程度的加剧,带给人的是活跃、新奇、丰富和富有动感的感受,易于形成富有魅力的空间。但也应注意过于不规则的形态,反而给人以琐碎、凌乱、没有秩序的感觉,也不利于实际的使用。所以,虽然不规则的场地所带来的空间环境可能比规则的更有趣味,但形状的变化并不是凭空想像出来的,更不是追求新奇的结果。在实际的设计过程中,应在综合基地的地形、地貌、广场的性质、与城市的总体关系等等因素的前提下巧妙构思,寻求变化(图 5.13)。

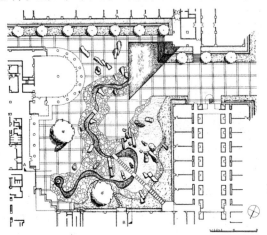

图 5.13　自由的曲线打破了方形内院可能带来的单调感

场地的规则与不规则也是一个相对的概念,在实际的设计过程中,规则的处理与不规则的处理常常相结合出现。另外,除了场地自身的形状,到达广场的周围道路,或汇集或穿越,其数量、宽度及联系方式对广场的形态都会产生一定的影响(图 5.14)。

3.场地的设计

(1)场地的尺度与规模。场地的大小不仅是客观的长度尺寸,还与人的主观感受密切相关。比如,在中国古典园林中经常采用"欲扬先抑"的空间组织手法,使人先经过一系列狭小的空间,而后豁然开朗,进入庭园的主要空间,这时人们感受到的院落的尺寸往往比实际的大。同样,如果场地的分区细腻,空间层次丰富,给人的感受也会更加深远。此外,周围建筑的尺度、光线的明暗、围合界面的处理等等都会对广场的尺度感产生影响。C·塞特指出,欧洲古老广场的平均尺寸为 142 m×58 m,这个尺度具有良好的围合感。芦原义信则根据研究提出了"十分之一理论",即适宜的外部空间的尺寸大致等于相应的室内空间尺寸的 8~10 倍。比如,2.7 m×2.7 m 是温馨的二人居室的合适大小,而21.6 m×27 m 的外部空间同样让人感到舒适、亲切。芦原义信用同样的方法推出室外公

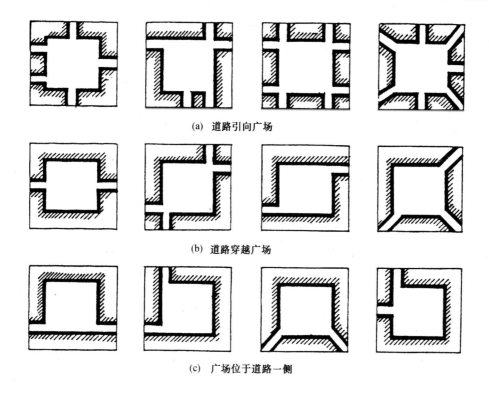

(a) 道路引向广场

(b) 道路穿越广场

(c) 广场位于道路一侧

图 5.14　道路对场地形态的影响

共性广场的尺寸是 180 m×72 m,这与塞特提出的尺寸很接近。

　　(2)场地中的高差。有效地利用地面的高差是场地设计中最常见的手法之一。利用高差可以自由地切断或结合几个空间,明确地划分各个领域的界限。同时,这种划分空间的方式不同于垂直界面的分隔,空间往往隔而不断,更加灵活(图 5.15)。

　　当低于地平面的高差加大到一定程度时,就形成了下沉广场,它具有与竖起墙壁同样的封闭效果,在喧闹的城市环境中可以使人获得闹中取静的空间感受。在下沉广场的设计中要掌握好它的尺度,既要有围合感,又不应让人觉得像是掉在"井"里。周围大片实墙的空间会使人感到冷漠而不愿停留,需要加以分段处理,如设置花坛、垂直绿化等。下沉的高度也需精心设计,可以下去一二层,也可以只下去几步台阶。在人流频繁的街道旁,几步台阶的下沉广场也是很受人欢迎的(图5.16)。

图 5.15　几步室外踏步可以明确地将外部空间　　图 5.16　圆形下沉广场内向型的空间形态
　　　　　进行划分

在场地设有高差的情况下,联系各个高差的踏步和坡道的设置也十分重要。芦原义信指出:如果有两个不同水平面的空间分别为 A、B,且 A 比 B 高,联系 A、B 的踏步或坡道基本上有三种方法(图 5.17、5.18):第一种是踏步进入 B 领域;第二种是踏步进入 A 领域;第三种是踏步进入既不属于 A 又不属于 B 的中间性 C 领域。这乍一看似乎很简单,可是从外部空间布置的领域性来考虑,则是极为本质的问题。而且,联结 A 领域和 B 领域时,踏步的具体位置和宽度的确定也是设计中需重点考虑的问题。总之,结合地形地貌特征灵活设置踏步,能够创造或雄伟庄重,或亲切细腻,或一目了然,或时隐时现的不同氛围(图 5.19)。

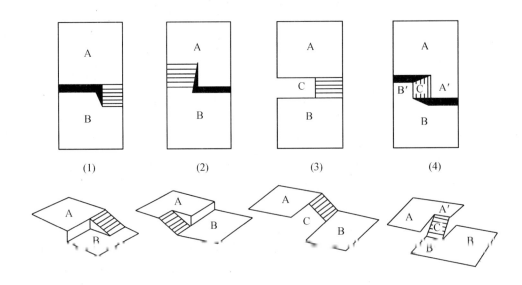

(1)　　　　　　(2)　　　　　　(3)　　　　　　(4)

图 5.17　以室外踏步联系两个不同水平面的空间

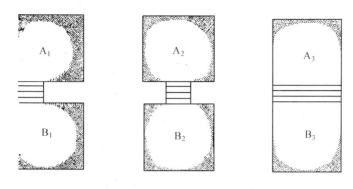

图 5.18　联接 A、B 两个空间的室外踏步的位置

图 5.19　踏步与地形的巧妙结合

（3）场地的铺装。丰富细腻的地面铺装能使一大片平淡的场地变得生动起来，产生亲切感，创造出具有特定表情的空间。铺地首先具有功能性，不同的地面铺装可以适合人们诸如集会、观赏、停驻、行走等不同的行为要求（图 5.20）；铺地可以起到划分空间的作用，虽然这种划分作用比较微弱，但不同的铺地可以区别不同的场地，从而对人的行为产生规范、引导作用（图 5.21）；铺地具有装饰性，既能美化整体环境，也能对局部的建筑、小品、雕塑等起到衬托作用。同时，不同风格的铺装地面具有不同的性格，可以给人带来不同的心理感受。

图 5.20　不同的地面铺装适合不同的行为要求

三、道路

道路支撑的是流动的人群,使人们可以便捷地从一个空间到达另一个空间。外部空间中的步行道路系统是建筑外环境重要的有机组成部分。

1.道路的容量

道路的容量主要是指道路的宽度,这主要取决于它所支撑的人流。在一片绿地中,宽 60 cm 的石子路可引导单个人进入树林深处的水池旁;宽 2 m 左右的道路可容纳一位

图 5.21　简洁的铺装使场地具有了适宜的尺度感

男子与推着婴儿车的妇人擦身而过;而位于店铺之中的商业步行街的宽度则最好能达到 6 m 以上。

2.道路的形态

对人们喜欢走捷径的心理来说,直线形是最理性的道路形式,它可以使行人快速、便捷地到达目的地。但有些情况下,行色匆匆的人会破坏游人的闲情逸趣,自然曲线的小径可以使人的行走与环境更趋于和谐。有时,为了能带给人步移景异的感受,需要设置曲线形的道路,增长游览的距离。所以,在实际的设计中直线形的道路与曲线形的道路经常相伴出现,以适应不同的需要,在便捷与情趣中寻求结合点(图 5.22)。

3.道路的设计

(1)道路的组织。外环境中道路组织形式的确立是考虑实际的使用要求和场地的结构双重作用的结果。从使用的角度来看,表达了场地内人、车运动的基本模式和基本轨迹;从结构的角度来看,为场地确立了一个基本的骨架。由于道路组织模式的不同,使得同一块场地可以产生不同的空间效果,形成不同的环境氛围(图5.23)。

(2)道路的尺度。虽然道路的宽度主要取决于它所承载的人流,但也不是一味地宽敞就好。过宽的道路一方面造成了不必要的浪费,另一方面过大的尺度感也会使道路显得冷清而缺少人情味。商业步行街尺度的确立,除了考虑人们特殊的使用要求外,还应考虑两旁的建筑高度对道路空间的影响。合适的道路尺度应使人感到具有舒适的围合感,既不感到闭塞,又不觉得过于开敞。一般来说,两旁的建筑高度与街道宽度之比控制在 1:1～1:2 为宜,这样的空间具有相互包容的匀称性。当高宽比超过 1:0.5 的时候会出现一种压迫感,而小于 1:2 时会感到空间过于开敞。

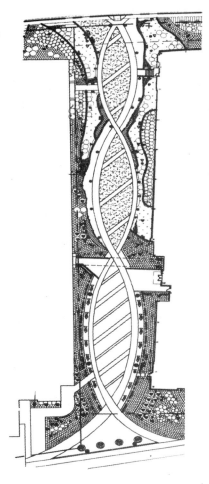

图 5.22　曲路与直路的巧妙结合

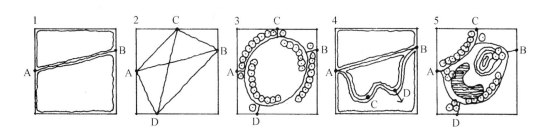

图 5.23　在便捷和情趣中寻找结合点

　　（3）道路的铺装。道路铺装材料的选择主要决定于适用性、维护便捷程度、耐久性、价格、视觉效果等因素。道路中铺装材料的不同对人的行为具有暗示作用，例如光洁的路面引导行人快速通过，而砾石路则提示人们慢行。路面上还常会设计一些标识来引导人的行动，创造空间的趣味性（图 5.24）。

　　（4）道路的细部处理。在外部空间中道路常常作为划分空间的边界而出现，所以其细部的处理也十分重要。例如，常常在道路的边缘灵活设置绿化、水体或精致的路缘石，给道路镶上花边；沿道路间隔适当的距离设置凹入的小空间，结合座椅布置小巧的景致；在道路的转折点或相交处做特殊处理，增强空间的趣味性等（图 5.25）。

图 5.24　马赛克一样的碎石路

四、水体

水对所有人都有着不可抗拒的吸引力，水面的粼粼波光总是给人带来无比的激动和快乐。自由之水是自然景观中的奇丽角色，在外部空间设计中要很好地保护并加以利用；人工构筑的水体也会给外环境增色不少，它的声音、动感以及扑面而来的清凉气息都促进了外环境的整体效果。

1. 水体的形式

水体的平面形式可分为几何规整形和不规整形两种。西方古典园林的水体多采用几何规整形，追求一种具有韵律和秩序的美感。我国古典园林多采用不规则的水形，利用原有地势创造贴近自然的效果。

根据水面的闹、静，一般可将水体分为动水和静水。静水的处理以倒影池为代表；动水的变化则形态各异——激流、涌流、渗流、溢漫、跌落、喷射、水雾，每一种都独具特色。在外部空间设计中，常常将动水和静水结合起来，共同组构空间。下面重点介绍水池、喷泉、瀑布三种理水形式。

图 5.25　石板道路两旁的大石块既是装饰，又是供游人休息的坐具

（1）水池。水池是最常见的理水形式之一。平静的水池能把周围的建筑、树木的影像反射出来，形成清晰的倒影，从而使空间显得格外深远。由于水质的变化，水池可呈现出不同的色彩，并随着天空和周围景色的改变而变换出新的

面容(图 5.26)。

　　根据规模的大小水池可分为点式、面式和线式三种形式。点式在外环境中起到点景的作用,往往成为空间的视线焦点,活化空间。其布置方式也比较灵活,可以单独设置,也可和花坛、平台或其他设施相结合(图 5.27);面式是指在外环境中能起到控制作用的水池,这里通常是景观中心和人们聚集的焦点。因此,在设计中如何设置踏步、浮桥、甲板形成水中漫道,如何与园林小品结合形成水中景观,选择什么样的堤岸形式把人与水面自然融合在一起等等问题成为思考的重点(图 5.28);线式是指细长的水面,有一定的方向,并有分化空间的作用。线性水面一般都采用流水,并常常与其他的理水方式相结合出现(图5.29)。

图 5.26　自然形态的倒影池

图 5.27　小巧的点状水池

图 5.28　别致的水中步道

图 5.29　线状的水体使空间具有一种方向感

（2）喷泉。喷泉以其立体、动态的形象，在外环境中成为引人注目的视觉显著点。在外部空间设计中以喷泉来组织空间，用其丰富而富有动感的形象来烘托和调节整体环境氛围，起到"点睛"的作用。它可以是一个小型的喷点，速度不快，分布在角落；也可以是成组的大型喷泉，位于外环境的中央，表达壮观的气势。在现代喷泉设计中，常常利用高科技的手段通过调整水流形式和速度，创造出丰富多采的喷洒形式，带来意想不到的效果（图5.30~5.32）。

（3）瀑布。瀑布有多种形式，日本有关园林营造的著作《作庭记》把瀑布分为"向落、片落、传落、离落、棱落、丝落、重落、左右落、横落"等多种形式，不同的形式表达不同的情境。在瀑布设计中，还常

图 5.30　具有标志性的巨型喷泉

常将瀑布设计与建筑小品、构筑设施结合起来取得特殊的效果。人工瀑布中水落石的形式和水流速度的设计决定了瀑布的姿态，使瀑布产生丰富的变化，传

达不同的感受。人们在瀑布前,不仅希望欣赏到优美的落水形象,而且还喜欢倾听落水的声音,从隆隆的巨响到潺潺的细语都给人以美妙的心理感受(图5.33、5.34)。

图 5.31　具有金属一样质感的水柱　　　图 5.32　具有梦幻般效果的水雾

图 5.33　仿自然形态的瀑布

在外环境设计中,水池、喷泉、瀑布往往是结合在一起的,有时候它们共同展现在人们面前,有时则突出某一部分,根据不同的情况共同组成人们所需的水环境(图 5.35)。

图 5.34 水幕作为柔化了的外环境边界

图 5.35 不同的理水形式相结合

2.水体的作用

（1）引人注目的景观焦点。在城市庭院、景观路和城市广场中，丰富而有特色的水体能为整体景观增添许多典雅活泼、高潮迭起的效果。许多城市因其千变万化的喷泉和瀑布而自豪，哪怕是在极小的花园中，水都有其恰当的位置。

（2）塑造多样的环境氛围。水有种种形式，形成不同的表情。静态的水面，安静平和，益于独处思考；涓涓的细流，源远流长，让人回味无穷；飞泻的瀑布，气势磅礴,渲染出热闹的场景。

（3）划分空间的重要手段。流水的使用可在视觉上保持空间联系的同时划分空间与空间的界限。在布局上不希望人进入的地方,可以用水面来处理。水面可以相当有效地促进或阻止外部空间的人的活动。

（4）改善环境质量。炎热的夏天大面积的水体可以带来凉爽的气息;喷洒的水雾可以有效地调节空气湿度;轰响的落水也是一首美妙的音乐,可以起到掩饰噪声的作用。

3.水体的设计

（1）对人的亲水活动的考虑。人具有亲水性,希望与水保持较近的距离。因此,在外部空间设计中应尽量缩短人与水的距离,在较为安全的情况下,可以通过浮桥、亭台、水边踏步的处理,使人置身于水景之中。人们在观赏水体时,一般仰视、平视、俯视或立于水中。在实际中人们更喜欢立于水中,如儿童喜欢嬉水,涉足水中尽情玩耍;成人也喜欢荡舟水上或于岛上观水(图 5.36)。

（2）堤岸的处理。水面的处理和堤岸有直接的关系,它们一般共同组成景观,影响着人们对水体的欣赏。堤岸的形式不仅关系到水体的形态,也决定着人们近水的方式。如几何形的池岸一般处理成可供人坐的平台,尽量接近水面,池岸距离水面也不宜太高,通常伸手可及;不规则的池岸与人比较接近,高低随着地形起伏,形式自由,这时的岸只有阻水的作用,缩短了人与水的距离;也有的水体没有明显的池岸,利用坡地围合成水面,人们可随意进入水中,与水融为一体(图5.37、5.38)。

（3）与其他景观要素的结合。水体只是构成外部空间的一个要素,只有与其他构成要素相结合,才能更好地表现其形象。水体既可以与建筑小

图5.36　旱喷泉弱化了水与陆地的界限

品、雕塑小品构成完整的视觉形象,也常与绿化、山石相结合,同时可借助灯光、音乐等手段,增强水的魅力(图 5.39)。

图 5.37　几何形的水体

图 5.38　仿自然的水体

图 5.39　以水为主题的雕塑

五、绿化

绿化是城市景观的重要组成部分,许多城市由于其独特的绿化效果而闻名。在外环境中绝大多数绿化是经过人工配置的,有的呈现自然形态,有的经过人工修剪,都在环境中发挥着积极的作用,点缀和丰富了生活空间。

1.绿化的分类

城市绿化主要分为:树木、草地和花坛。

（1）树木。树木可分为乔木、灌木和藤木，每类包括不同的品种，有不同的形态和特征。乔木树体高大且具有明显的主干，树高从 6～7 m 到 30 多 m 不等，常用做行道树、庭荫树、景观树等；灌木则常修剪成绿篱来分割空间，许多开花的灌木具有较高的观赏价值；藤木常常依附于建筑、围墙或廊台起到柔化建筑界面的作用。乔木和灌木的配置常见的有以下几种形式：

①孤植。单株配置的树木，以其姿态、色彩构成独有的特色。它往往位于构图中心成为视线焦点，成为这一空间的明显标志（图 5.40）。

②对植。对称配置的树木，树的形态和体量都很接近，通常用来突出某领域空间的轴线关系。

图 5.40　孤植的树木成为局部空间的视觉焦点

③列植。沿直线或曲线以等距离或在一定规律下栽植树木的方式，以达到导向和划分空间的目的，一般分布在空间的周边和道路、河岸的两侧（图 5.41）。

④群植。几株或十几株同一树种或种类不同的乔木、灌木种植成相对紧密的结构，以表现树木的群体美，创造出幽静的空间（图 5.42）。

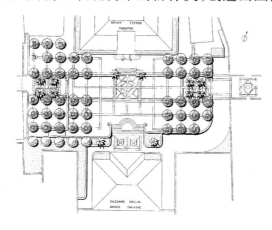

图 5.41　列植的树阵界定出中部的主导空间

图 5.42　群植的树丛塑造出幽静的环境空间

⑤篱植。一种行列式密植的类型，一般采用小灌木。绿篱在限定空间、保持空间的连续同一性以及作为背景衬托等方面均有很大的作用。

（2）草地和花镜。城市环境中的草地多为人工草坪，一般有以下几种类型：

①自然式草坪。自然式草坪利用地形的起伏、高差模拟自然地貌,草地边缘常结合灌木、地被植物增加草坪的自然姿态。

②规整式草坪。规整式草坪外形整齐,常常布置在雕塑、纪念碑或建筑物周围起到衬托作用,边缘常利用石块砌筑成规整形(图5.43)。

③装饰型草坪。装饰型草坪仅起到装饰作用,不允许行人进入,常用栏杆、树篱等较高的设施围合。

④使用型草坪。使用型草坪允许人们入内,草质应耐践踏并定期维护,保持持久性。

⑤花镜。花镜用多种花卉,以自然式风格交错混合配置,布置成较宽的花带。花镜主要以赏花为主,通常与草坪相结合,使草坪呈现更加丰富多采的空间效果。

图5.43 棋盘式的规整草坪充满了理性的意味

(3)花坛。花坛在外部空间设计中对于点缀空间、表现环境意象、营造气氛有很大作用。类型可分为以下几种:

①独立式花坛。独立设置的花坛往往是环境中的视觉焦点,具有很强的地标和导向作用,有的位于中轴线上,更突出了它的地位(图5.44)。

②花坛群。两个以上的个体花坛组成不可分割的构图整体。它们或是围绕着一个中心景观或是沿中轴线对称布置,也有的多个花坛沿道路、河流、广场外侧布置成为点缀环境、组织空间的重要手段。但无论是何种布置方式,花坛间都需要保持一个内在的关系,做到主次分明,又不可分割,形成有韵律感、节奏感的系列景观(图5.45)。

③种植容器。种植容器体积较小,可以随时变换位置,一般用于需要经常更换内容的场所。通过容器的组合可以起到划分空间的作用。

图5.44 圆形的独立式花坛成为外环境中的视觉焦点

图 5.45　椭圆形的花坛群通过曲线形的道路联系起来

2.绿化的作用

人对绿树有着与生俱来的好感,这不仅是因为绿化具有生态功能、物理和化学效用,更重要的是在调节人类心理和精神方面也发挥着积极的作用。

（1）改善环境质量。几乎所有的植物都有利于外部环境小气候的改善。如挡风、蔽日、降低热岛效应、补充清新的氧气、隔绝噪声……

（2）塑造环境氛围。树木多样的形态和色彩给人带来丰富的联想，如挺拔的白杨象征着坚韧不拔；摇曳的柳树容易让人联想到似水的柔情。因此，应根据心理要求合理选择树种。

（3）组织环境空间。利用树木的高度、密实围成边界，产生聚合感；利用树木分化不同功能要求的空间；用树木遮挡不需要暴露的部位，造成先抑后扬的空间效果；利用乔木、灌木、藤木围合成私密空间；利用树木列植有一定的方向感，引导视线并通过景框、夹景来衬托空间；利用孤植树或绿化雕塑形成视觉焦点，供人观赏（图5.46）。

图5.46　通过植物配置组成各种空间

（4）柔化建筑界面。在外部空间中树木与建筑的巧妙结合使环境协调统一，一方面软化了建筑物僵硬的直线条，另一方面在形态、色彩和纹理上都和建筑物形成强烈的对比变化，使二者互相映衬，融为一体（图5.47）。

3.绿化的设计

外部空间设计中，设计者应该了解树木的特性，充分考虑树木的形状、色彩、纹理以及它们组合时的空间效果，以满足不同场合的要求。

（1）注重植物配置的空间层次。绿化配置应本着乔、灌、草相结合的总原则，对地面植物、膝高植物、腰高植物、眼高植物、超过眼高的植物以及攀附植物综合考虑，灵活布局，使总体绿化效果具有层次感。根据树态的不同，强调垂直向上的高度感或水平伸展的外延感，塑造富有动感的空间效果（图5.48）。

图 5.47　攀缘植物柔化了建筑界面

（2）树木的种植应考虑场地的规模和功能要求。欣赏树木的姿态应孤植；划分空间，引导视线可采用列植；树木围合成独立的空间，可形成较为私密的场地；对人行走时空间的转折点应进行有效的设计，突出转折点的作用；合理利用树木夹成通道的空间效果，以及设置障景、夹景、框景；应注意场地内各种高度的树木分布的平衡性；树木与建筑、雕塑以及其他设施结合时应主次分明，协调统一（图 5.49）。

（a）圆柱形植物可强调高度

（b）平展形植物有宽阔延伸感

（c）圆锥形植物有突出作用

图 5.48　树木形态和空间形态的关系

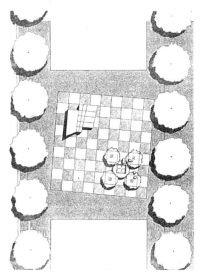

图 5.49　列植的树木具有较强的界定空间的作用

（3）草坪的铺设应考虑和建筑、道路、广场、树木以及山石的关系，做到统一有序，更要起到改善环境、烘托主题的作用。花坛的设计首先应考虑外形和周围环境的协调，确定选择规整的几何形式还是不规则的自由形；花坛或花坛群和广场相比一般为 1:3 ~ 1:15，个体花坛不宜太大，形成主景区和次景区。

六、小品与设施

建筑外环境中的小品设施要素虽然通常尺度不大，但直接贴近人们的生活，反映环境的实用性、观赏性和审美价值，因此，也是外环境中重要的构成要素。景观小品往往位于外环境中局部小空间的视觉中心，对空间起到画龙点睛的作用，同时又有组构空间、美化环境、方便生活的功能。

小品设施要素的设计应注意内容与外环境整体的协调，使小品起到点题的作用，同时小品的布置也应主次分明。有时小品是作为外环境中的中心性要素而出现的，位于外环境中最为醒目的位置或以母题的方式统率整个基地；有时则分布在四周陪衬主体。下面我们介绍几类主要的小品设施：

1.信息设施

信息设施包括各类标志、广告牌、钟塔、信息栏、电话亭等，各类标志具有传达信息、提供引导、介绍等作用，因此其设置的场所、排列的方式是设计中一个重要的方面。在设计中应注意：标志应当在所处的场所中具有适宜的尺度，与整体环境相协调，并反映其周围的环境特征；本身单体形象的创意应新颖，反映时代精神、体现文化传统；可与建筑、大门、雕塑等结合，创造综合艺术形象（图 5.50）。

2.娱乐服务设施

娱乐服务设施是人们聊天、游戏、交往、读书、观赏风景、歇脚时必不可少的服务设备，以坐具和游乐设施为代表。坐具主要分为凳和椅，是外环境中的重要"家具"。凳的设置比较灵活，可结合花坛、矮墙、雕塑等进行设计；椅子的造型或精致古朴，或简洁现代，在环境中起到很好的点缀作用（图 5.51）。外环境中休息椅凳的设置应考虑人休息时的心理习惯和活动规律，一般以背靠花坛、树丛或矮墙，面朝开阔地带为宜，而供人长时间休憩的坐具更应注意设置时的私密性。座椅应以单座椅或较短的连座椅为主，实际证明长度 2 m 左右的长椅利用率较

图 5.50 造型简洁的报时钟

高。坐具的材料选择比较自由，从石材、木材到玻璃、不锈钢均可选用，只需满足耐久性的要求即可（图5.52）。游乐设施主要考虑儿童特殊的使用要求，但也有一些游乐设施已成为成年人喜闻乐见的娱乐工具。

图5.51　超尺度的坐具

3.艺术景观设施

雕塑和各类艺术小品是建筑外环境中的主要艺术景观设施，对于点缀和烘托环境氛围，增添场所的文化气息和时代风格起着重要的作用。由于雕塑往往是场所中具有凝聚力的空间焦点，所以对其背景的设计应以能充分地衬托雕塑为前提，散乱的背景会损害雕塑在空间中的作用。在布局上要注意雕塑和整体环境的协调，设计师应对环境特征、文化传统、城市景观等方面有独到的见解和把握，合理确定雕塑的位置、题材、尺度、材质、色彩等，使雕塑与环境的主题相吻合（图5.53）。

图5.52　看似随意摆放的巨石也是富有情趣的坐具

4.照明设施

不同的环境对照明方式和设备设施的要求是各不相同的。照明设施除需达到基本的照度要求，以保证人们的各类夜间活动外，还需结合环境特征，渲染环境气氛，在一定程度上进行环境的再创造。主要的照明设备可分为：投光灯、泛光灯和探照灯。但不论哪一种灯具在设计时都需同时考虑白天与夜间的效果。尤其是大型的灯具即使是在白天有时也作为重要的景观要素而出现,划分空间,甚至成为环境中的主景(图 5.54)。

图 5.53　极具时代感的环境雕塑

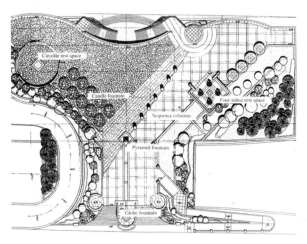

图 5.54　灯具可以作为划分空间、界定外环境边界的主体要素

5.卫生设施

在外环境中卫生设施必不可少,这些设施合理设置,是保证环境卫生、整洁,提高环境质量的重要环节。

第三节　建筑外环境的设计与评价

由于人的行为、习惯、性格、爱好决定着对环境空间的选择,制约着建筑外环境设计与评价的价值取向,因此建筑外环境设计与评价必须"以人为本",从人的实际需求出发。但同时我们必须清楚地看到,建筑外环境是主客观因素综合作用的结果:无论对于设计还是评价,我们都不能不考虑城市环境的制约作用,考虑建筑外环境在城市整体环境中的地位和作用;不能不认真对待自然环境要素的影响,使人工环境与自然环境协调发展;不能不面对政治、经济、文化等社会因素的影响,使外环境的深层文化内涵符合时代与社会的要求。因此,建筑外环境的设计与评价必然要综合主客观多方面的因素,是一个极其复杂的过程,下面我们将针对其中的几个主要方面加以研究。

一、整体

建筑外环境的设计首先要从整体出发,这里的整体包括三个层面的意义:每一个建筑外环境的形成都要考虑基地内原有自然要素的制约作用,使自然环境与人工环境均衡发展;考虑与相临的建筑外环境的协调关系,使"邻里"之间友好对话;考虑与包含着该环境的更大的建筑外环境,以至城市整体空间环境的协调关系,使外环境成为城市整体的有机组成部分。

通常在着手进行建筑外环境设计前,都要对基地进行考察。了解诸如基地位置、地形、地貌、土壤、植被等自然条件;还要了解周围已经形成的建筑、道路、设施等建筑环境的具体情况,所有这些因素都是设计的重要依据和出发点,是成功设计的关键。

在制约外环境设计的自然因素中场地中的地形、水体和植被对设计的影响最大,作为有形的要素它们直接参与到外环境设计中来,并可以很自然地成为设计人员进行外环境设计的出发点。

地形起伏的场地可以产生层次丰富而有特征的环境,但同时也给各类室外活动带来一定的影响。一般而言坡度小于 4% 的场地可以近似看成平地;坡度在 10% 之内对行车和步行都不妨碍;坡度大于 10%,人步行时会觉得吃力,需要改造并设置台阶。但起伏较大的地形也给创造更加丰富的外部空间带来了机会,结合地形合理设置踏步、平台可以增加空间的趣味性和层次感,使外环境更具有特色(图 5.55)。

如果在基地中有自然水体濒临或穿过,就需要弄清该水体的现状,加以改造利用,使其成为外环境的一部分。在设计中要注意,应尽量避免水面处于建筑的大片阴影中,因为水在阳光的照射下才会呈现活跃闪烁的动人魅力,而阴影中的水则容易让人产生冷漠的感受。滨河区域的设计应考虑使人易于接近水面,进行各种亲水活动(图 5.56)。

图 5.55　结合地势设计巧妙的外环境　　图 5.56　巧妙利用自然的水体使外环境充满了
活力

　　基地内部如果有成熟的林带、植被,甚至古树名木都是十分难得的有利因素。人天生就对绿树怀有好感,在高楼林立的城市环境中砍伐树木是人们最不愿意做的事情,况且绿树能为人们提供清新的空气,隔绝噪声,遮蔽烈日,还能产生宁静、舒适的心理感受以及清新优雅的生活气息,所以在设计中,有可能的条件下应尽力保留树木,使其成为构成美好外部环境的重要因素(图 5.57)。

图 5.57　广场中保留下来的树木是外环境中必不可少的活跃因素

　　对基地周边自然环境的尊重和利用主要体现在:设计中尽量运用对景、借景、框景等手法,将远处的自然景观引入小环境之中;同时,对外环境中的建筑物和构筑物的体量加以控制,避免对自然景观产生不利影响。

　　在进行建筑外环境设计时还需考虑基地内已建的建筑、道路和各类环境设施,特别是周边已经形成的特征环境、人文景观对设计的制约作用。赖特在有机建筑理论中指出建筑应该是从环境中自然生长出来的,建筑外环境同样如此。每一处新建的建筑外环境是否成功,是否有生命力,关键在于它是否能成为周围大的建筑环境的有机组成部分,与"邻里"之间友好相处。要做到这一点其实并不难,关键是要有谦虚的态度和理性的思索。如将美丽的城市景观引入环境,作为主景;沿轴线序列展开空间时,使场地的轴线与基地附近重要建筑的轴线相一致,加强空间效果;保持基地内的道路与周边道路衔接、畅通等等(图5.58)。

图5.58　外环境布局与周边的建筑保持着严谨的轴线对应关系

二、功能

任何一个建筑外环境都应满足一定的功能要求,即有一定的目的性。一般来说,建筑外环境都具备物质功能和精神功能,分别满足人们对外环境的物质需求和精神需求,但由于外环境使用性质的不同可能会有所侧重。

涉及到具体的功能设置,首先要确定外环境具体的功能组成。在外环境的设计之初,由于许多时候设计者不会收到特别详尽的任务书,使得许多具体功能只能自行确定。这就需要设计者对功能的设置要控制得当,过多不切合实际的功能设置,往往会使环境质量无法保证,空间也会变得凌乱不堪。

在明确了外环境具体的功能组成以后,就需要为所设定的功能寻求相对应的室外空间。这主要包括:确定不同的功能区所需要的空间的大小、形态、位置以及它们之间的组合关系等等。

根据功能的要求在确定空间的大小时,有些情况下是比较明确的(如体育活动场地的尺寸几乎是定值,道路的尺寸可以根据车流或人流的情况加以推算);有些时候可以用最小值来控制;但更多的时候是"模糊的"。这主要是因为,很多情况下在功能的量化过程中,不仅要满足使用功能的要求,还需考虑其精神、文化功能以及与周围环境尺度上的和谐等等方面。这时,设计人员没有确切的数值可供参考,但可以通过对同类环境的研究,凭借自己的经验和对场所功能的理解来进行推断。前面曾介绍过的芦原义信提出的"十分之一理论",在这方面可以作为参考。在这里他指出:从空间的视觉结构来说,虽然过小的空间不行,而没有意义的过大外部空间则更不好。如果一行程作为 20～25 m,相当 1,2,3…行程的尺寸是合适的;相当 8,9,10…行程时,则逐渐是上限了。从中我们可以得到启发,在进行功能设置时,在满足使用合理的基本前提下,对空间的尺度要进行适当的控制;对于复合功能的组织,可以将其在空间上按秩序安排成几个尺度适宜的小空间,避免尺度过大给人以空旷的感觉。

不同的使用功能大多对应不同的空间类型,要求适宜的空间形态,例如封闭的空间适于交谈、读书;开敞的空间适于集会、表演;线型的空间引导人穿越、前行;面状的节点暗示人驻留、观景等等。如果我们可以将人们在外部空间中的活动简单分为运动和滞留两大类的话,则其对应的外部空间可分为运动空间和滞留空间。运动空间可用于:向某个目的前进、散步、某些集体活动……滞留空间可用于:静坐、眺望景色、读书、交谈、表演、演讲、讨论、集会……这样,运动空间希望平坦、宽阔、没有障碍物(图 5.59),滞留空间希望空间相对封闭,并应当相应地在空间中设置长椅、绿荫、地面高差、照明灯具等满足人们的使用(图 5.60、5.61)。另外,不同的空间形态还能够塑造不同的环境氛围,在满足人们基本的使用要求的前提下,提高人们在其中的活动质量,使人们不仅在生理上,而且在心理上得到满足。

根据外环境的功能组成明确了相应的空间大小和形态特点以后,接下来就需要具体的功能组织。这些大小不等、形态各异的空间必须经过一定脉络的串

图 5.59　宽阔平坦的公共聚集空间

图 5.60　幽静的滞留空间

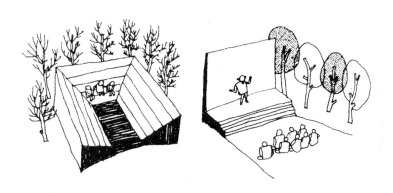

图 5.61　表演、讲演空间

联才能成为一个有机的整体,从而形成外环境平面的基本格局。首先要对这些功能进行分类,明确功能之间的相互关系,再根据功能之间的远近亲疏进行功能安排。需要注意的是:在进行功能组织时,虽然应以满足使用的合理性为前提,但也要考虑与功能相对应的空间形态的组合效果。同一个建筑外环境所对应的功能组织方式并不是惟一的,所以也带来各种空间组合变化的可能,从而创造出不同的环境氛围,对于这些在设计中要有统一的考虑。这也是评价一个建筑外环境功能组织是否成功的重要依据。

三、空间

　　在外环境中形态各异的实体要素互相依存,和谐共生,构成了一个有机的整体。空间形态就是这些实体要素组合关系最直接的表达,人们通过对实体要素的感觉来感知它,通过在其中的各种活动来体验和评价它。但实际上,对空间形态的考虑也反过来制约实体要素的生成,所以在外环境设计中对空间的设想必然伴随着对实体的思考,对外环境空间品质的评价也必然与实体要素的评价相伴而行。

1.空间的布局

建筑空间是建筑使用功能的反映,同样,建筑外环境的空间布局也必然是外环境功能布局的体现,但这种体现和反映不是被动的。同一个建筑外环境所对应的功能组织方式并不是惟一的,因此,在设计中出于对空间效果的考虑也常常反过来影响着功能布局方式的选择。寻求空间变化与使用效率的最佳契合点因此也成为设计中的重点和难点。

外环境的空间布局还与人的心理需求有关。人对空间布局的感知是在运动中完成的,随着位置的变化人们感受不同的空间氛围,体验着空间序列的变换。在这个感知过程中,人们希望看到预想的景致,但适宜的出乎意料所带来激动和惊喜有时效果会更好。因此,在空间布局阶段必须对空间的"统一"和"变化"作整体的考虑。

下面介绍几种常见的空间布局模式:

(1)轴线组织。沿轴线组织空间是最常见的空间布局形式之一,它能给人以理性、有序的整体感。轴线可以转折,产生次要轴线,也可做迂回、循环式展开。设置的方法可以与已建的建筑群的轴线一致,与基地的某一边一致或者与周围区域及城市的主要轴线相一致。当然也可以根据基地条件有意识地与上述轴线呈一定的夹角,使轴线夹角空间成为整体布局中的活跃因素(图5.62)。

在一些需要体现秩序感、庄严感的空间中,运用轴线能有效地增强环境的空间效果;当需要在一群松散的个体之间形成秩序时,设置轴线将一部分的要素组织起来也是一个有效的方法。

(2)中心组织。将一个空间置于中心位置,其他的空间依据同一种或几种模式与之衔接的空间布局模式。在建筑外环境中,如果某一空间很重要,或者与周围的空间联系密切,在空间布局时采用中心组织的模式是比较适合的。中心组织还包括双中心组织、多中心组织等变化形式(图5.63)。

(3)聚集组织。空间以不确定的

图5.62 轴线组织

模式集合成整体。这种空间布局的特点是形态丰富多变,但由于缺少严谨的秩序,所以在设计中需对各个空间的形态以及它们之间的组合方式作整体的考虑(图5.64)。

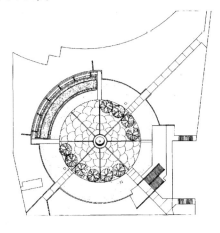

图5.63 中心组织

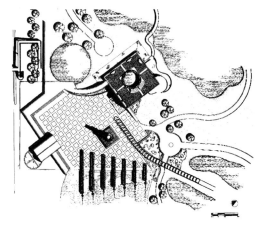

图5.64 聚集组织

(4)嵌套组织。较小的空间依次连续地套在下一个更大的空间单元中,如果嵌套在一起的各个空间共有一个中心,可给人以严谨的秩序感(图5.65)。

2.空间的形态

外环境中空间的形态是与功能要求相适应的结果,它主要包括空间的形状和空间的开放性两个方面。由于建筑外部空间是"没有屋顶的建筑",边界有时是虚化的界面,所以其平面形式是决定空间形状的重要因素。点、线、面作为三种基本的平面形式,其对应的空间形态有如下特点:点是一种具有中心感的缩小的面,通常起到线之间或者面之间连接体的作用。

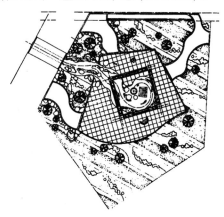

图5.65 嵌套组织

它可能是交通或景观的节点,也可以作为观景点,在这里人们可以作短暂的停留、休息和眺望(图5.66)。线形的空间通常以街道空间的形式出现,其明显的方向性可引导人们前行,驻留在这里是不适宜的。直线与曲线的空间能给人以不同的感受,直线形的空间暗示人们快速通过,曲线则适于漫步,边走边看(图5.67)。面状的空间是与点状的空间相对而言的,在这里人们的活动往往复杂多样,它给人的空间感受也由于平面形式的不同而有很大的差异,如对称的平面给人以宁静、庄严、崇高之感;自由的形态显得活跃、轻松、富有动感;几何形的平面由于其具有抽象的规律性,是统一和秩序的象征,易于将周围的空间聚集在一起成为一个有中心感的整体(图5.68)。从抽象形式美的角度来看,优秀的建筑外环境设计常常体现出点、线、面的完美组合。但需要注意的是,在这里我们虽然将空间形态划分为点、线、面三种基本形式,但这三者是一个相对的概念,例如,广场环境是以完整的面的形式出现的,但对于整个城市环境来说它只是一个节点。

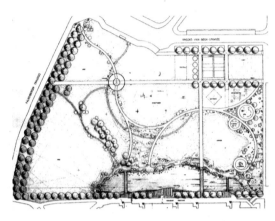

图5.66　曲线形的道路将点状的空间串联起来

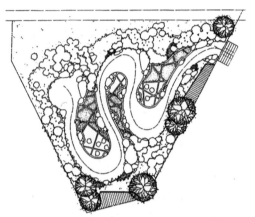

图5.67　富有动感的线形空间

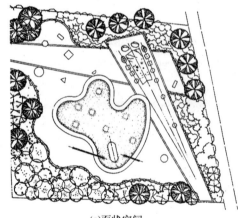

(a)面状空间一

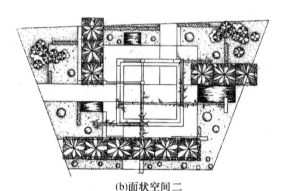

(b)面状空间二

图5.68　面状的空间给人以截然不同的感受

　　外部空间的开放性主要是指空间开敞或封闭的程度。由于建筑外部空间的顶面是广阔的蓝天,所以其封闭的程度主要取决于围护面要素的形态、组合方式以及围护面的高度与它所围合的空间宽度的比值等等。

　　例如,沿着棋盘式道路修建建筑时,建筑物转角成为以直角突出到道路上的阳角时,外部空间的转角由于出现纵向缺口,使空间的封闭性遭到破坏;相对地,在保持转角而创造阴角空间时,即可大大加强空间的封闭性(图5.69)。

　　因为除了建筑,诸如围墙、绿篱、树丛、组合的灯柱都可以作为外环境的围

图 5.69　建筑格局对外部空间开放程度的影响

护面要素,草坪、水体、道路也可作为外环境的边界来限定空间,所以外环境的空间形态可以从封闭到开敞产生丰富的变化,与人们不同的生理、心理需求相适应。

讨论空间封闭性时,应当考虑到围合面的高度与人眼的高度有密切的关系。30 cm 的高度只是能达到勉强区别领域的程度,几乎没有封闭性,其高度适合于憩坐;在 60～90 cm 高度时,空间在视觉上依然具有连续性,还没有达到封闭的程度,其高度适于凭靠休息;当达到 1.2 m 高度时,身体的大部分逐渐看不到了,产生一种安全感。同时,作为划分空间的隔断性加强了,但视觉上依然具有充分的连续性;到达 1.5 m 高度时,除头之外的身体都被遮挡了,产生了相当的封闭感;当达到 1.8 m 高度时,空间被完全划分开来(图 5.70)。对于下沉空间,对其空间的封闭感和连续性的判断,也可依此。

另外,在建筑作为围合面要素时,前面介绍过的建筑高度(H)与邻幢间距(D)的比值关系仍然适用。当 D/H 小于 1 时,空间有良好的封闭感;等于 2 时,是具有封闭感空间的临界值;随着比值的加大,空间逐渐由封闭向开敞转化。

3.空间的层次

在进行外环境的空间组织时,我们还必须要处理好各部分空间之间的渗透与层次。建筑外环境通常不会也不必要被实体围合得严严密密,实际上也只有当各部分空间之间由于开口或虚化的界面而互相渗透时,空间才能更具有层次感,才能真正变得丰富起来。

传统的北京四合院空间就是通过增加空间层次,从而在不大的外环境中创造出深远的感受。高高的院墙围合成大大小小的院落空间,通过沿轴线布置的垂花门、敞厅、花厅、轿厅的通透部位使各个空间在视觉上联系起来,一重重的院落隔而不断,空间互相因借,彼此渗透,给人以"庭院深深,深几许"的强烈感受。

空间的层次感还体现在不同使用性质的空间之间相互的联系与渗透(图 5.71),例如:

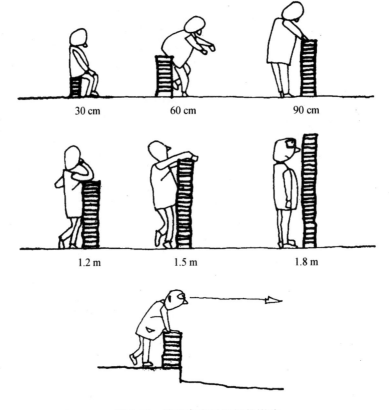

图 5.70　墙壁高度对空间的影响

外部的→半外部的→内部的；

公共的→半公共的→私用的；

嘈杂的、娱乐的→中间性的→宁静的、艺术的；

动的、体育性的→中间性的→静的、文化的。

在外环境中空间之间互相渗透，形成丰富的层次感，同时也使环境景观得到了极大的丰富。由于空间之间的互相渗透而产生视觉上的连续性，人们在观景时视线不再只停留在近处的景观上，可以渗透出去到达另一个空间的某一个景点，并可由此再向外扩展，这种景致绝对不是可以在一个单一的空间中可以获得的。另外，随着视线的不断变幻渗透，空间也改变了静止的状态产生了流动的感觉，变得丰富起来。

那么，如何形成并有效控制空间的渗透，增强空间的层次感呢？关键在于围护面的虚实设计。由于在建筑外环境中，可以作为围护面的要素十分丰富，这就为我们创造层次丰富的外部空间创造了条件。在设计中，可以用建筑作为较为封闭的围护面，也可以用连廊、矮墙作为较为开放的围护面；用树丛、水体、列柱则可形成更为开放的虚界面。这样，通过围护面虚中有实、虚实相生、实中留虚等不同的处理，并有计划地安排好空间连接和渗透的位置、大小和形式，就

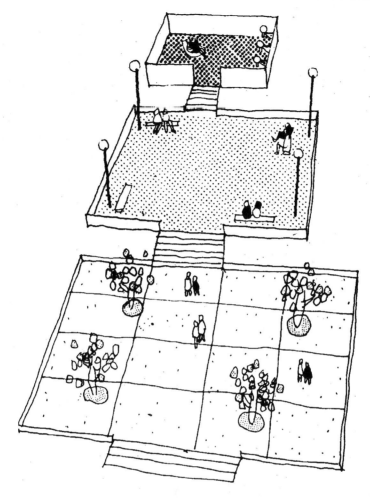

图 5.71 "外部式→半外部式→内部式"空间以踏步相连接

可以创造出较为丰富的空间层次(图 5.72)。

4.空间的序列

空间的序列与空间的层次有许多相似的地方,它们都是将一系列空间互相联系的方法。但空间的序列设计更注重的是考察人的空间行为,即当人依次由一个空间到另一个空间,亲身体验每一个空间后,最终所得到的感受。

对于空间序列的设计,在东西方传统的外环境设计中有着很大的差异。一个是从一开始就一览无余地看到对象的全貌;一个是有控制地一点一点给人看到。前者往往一下给人以强烈的印象,具有标志性;后者给人以种种期待,耐人寻味。如何使整个空间序列具有变化是这两种处理方式中都必须考虑的问题。随着人的移动而时隐时现,为空间带来变化的情况是常有的。例如,让远景一闪而现,一度又看不到了,然后又豁然出现,使景观在空间中产生跳跃,避免了单调感。再如,在中国古典园林中常有这样的情形,当你在一个空间中赏景时,透过景窗或园门另一个景观开始引起你的注意,这种吸引力伴随着你由一个空

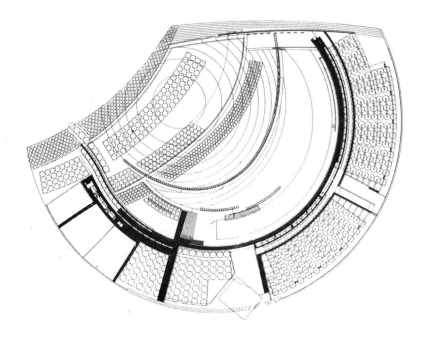

图 5.72　从圆心放射性展开的外部空间

间进入另一个空间,直至游遍整个园林。这种逐渐展开的空间序列使游人始终沉浸在由好奇到惊叹,又产生新的好奇这样有节奏的情绪激荡中,不由自主地沿着观景的路线行进。

　　总之,通过空间形态的收放来突出主体空间,运用形态的重复来增强空间的节奏感,利用空间的转折或突现来增强空间的趣味性等等空间序列的处理手法,可以使平淡的空间变得亲切、生动,更具吸引力。

四、景观

　　景观是从背景环境中分离出来的,由环境构成要素组成的,具有一定特征和表现力的设施。它是空间中的焦点,是空间形态构成的重要因素。通过对景观的认识,人们能够加深对整个空间形态的理解。各类环境要素都能成为外环境中的景观,如建筑、雕塑、树木、喷泉甚至地面铺饰的图案(图5.73)。

1.景观与空间

由于景观往往是空间中的焦点,所以当它们居于空间的中心位置时,易于使整个空间产生向心感;当位于空间的一端时,则能给空间带来方向性。如广场的钟塔、道路端头的雕塑都能通过引导视线而产生统领空间的方向感(图5.74)。

外环境中景观的设计应与外部空间的形态相适应。首先,景观的尺度应与衬托它的空间保持良好的比例关

图5.73　以水为主题的雕塑成为外环境中的主导景观

系,尺度过大或过小的景观都会对外部空间产生不利的影响。其次,其位置的确定必须有利于突出原有的空间特征,强化空间效果。

观景既可近观也可远观,利用空间的相互渗透,在相临或更远的空间设置观景点,形成对景或框景,是外环境景观设计中常用的手法(图5.75)。

图5.74　钟塔

图5.75　沿轴线展开的景观序列给空间带来方向性强化了空间的纵深感

2.视觉与景观

景观效应的产生与观察者和对象之间的距离有关,观察者和观察对象处于

怎样的距离才能完整清晰地实现观察者的意图？这一方面与景观的绝对尺寸有关，另一方面与人的视觉生理特性关系密切。扬·盖尔在《交往与空间》中提出社会性交往距离，以看到面部表情和细部为标准，大约需要 20～30 m。这和人们能识别具体的景观所需要的距离是一致的，只要人和环境相距 20～30 m，就能够把具体的景观从环境背景中分离出来，看清景观的细部。芦原义信在《外部空间设计》一书中提出的"外部空间模数"，也把 25 m 作为外部空间的基本模数尺寸，即 25 m 能看清对面物体的形象。

看清对象，除了需要有足够的视距外，还应有良好的视野，并保证视线不受干扰，这样才能清晰地看到景观。前面我们曾提到，人的眼睛以大约 60°顶角的圆锥为视野范围。这样，景观与视点的距离（D）与景观的高度（H）之比 $D/H=2$，仰角为 27°时，可以较好地观赏景观；当 $D/H<2$ 时，就不能看到景观整体了。

人眼能够将景观从环境背景中迅速分离出来，这主要取决于景观要素与背景要素之间存在的形态差异。因此，在设计中景观与背景通常是以对比的形式出现的，并且要避免空间中有其他的与景观要素形态相似的要素在附近出现。

3. 景观序列

景观序列通常都是随着空间序列的展开而展开的，并随着空间序列达到高潮而呈现出最主要的景致。人在空间中不断运动，各类要素和环境构图也随之不断地发生着变化，如何处理好景观远景、中景、近景的关系成为设计师要重点考虑的问题。英国著名建筑师和城市规划师 F·吉伯德曾以一幢白色建筑在一系列街景中的变化为例，比较形象地说明了这种景观序列处理的要点和其给人带来的奇妙感受（图 5.76）。从这个例子中我们可以发现，在整个景观序列中一个环境要素有时是作为主要的景观出现的，有时则变成了其他景观的背景，有时可以成为"借来"的远景，有时则以自身的某一个局部参与到近景的构成中。而这样的景观序列的产生，是与人们观察点的变化密切相关的，所以在进行景观序列构思时，视点运动轨迹的选择和主要观景点的设置显得尤为重要。

a　　　　b　　　　c　　　　d　　　　e

图 5.76　景观序列的巧妙设置

作为个体的景观而言在设计中有两点是十分重要的。其一是形态的设计，作为空间中的焦点，其形态必须突出，或体形高耸，或造型独特，或具有高度的艺术性，或经过重点装饰，总之应使其成为环境中最为引人注目的"角色"。其次就是位置的选择。如果将其布置在空间的几何中心,能使景观更多地为人所注目,成为环境的趣味中心。如采用非对称的布置,则可以给空间带来变化,但同时需考虑可能会带来不均衡的感觉(图5.77)。

图 5.77　非对称布置使外部空间充满动感而又不失均衡

五、文化

　　建筑外环境是一个民族、一个时代的科技与文化的反映,也是居民的生活方式、意识形态和价值观的真实写照。与其他个体事物相比,建筑外环境包含着更多反映文化的人类印记,并且每时每刻都在增添着新的内容。

　　去一些名胜古迹观光时,我们会发现不同时期、不同地区、不同民族、不同文化浸染的人群所创造的建筑外环境都具有鲜明的特点。现在我们却经常会在不同的城市看到似曾相识的景观,建筑外环境的文化特征在淡化,城市的特色在消逝。之所以产生这种情况,一方面是因为随着信息工业的飞速发展,使得地区间的差异在缩小,从而导致人们思想、意识、文化等方面也有全球化的趋向;但更重要的是设计者本身不注重对民族深层文化的发掘。他们或是盲目追赶时尚导致城市环境景观的雷同,或是追求个性化的表现使得环境整体之中充满了矛盾和不和谐的因素。目前,在建筑外环境设计中,如何反映当地的文化特征,如何为环境增添新的文化内涵,已经成为环境创造者必须认真思考的问题。

六、细部

　　细部是一个相对的概念,这里所说的细部设计是针对建筑外环境中的实体要素而言的。

　　实际上,在前面介绍建筑外环境的构成要素时,我们已经对相关实体要素的设计要点作了简要的介绍。需要补充的是,具体到每一个实体要素的设计时,必须以尊重外环境的整体构思为前提。对于初学者而言,常常痴迷于外环境中某个局部的设想,甚至具体到某个实体要素的设想,因小失大,忽略了环境的整体。更可惜的是,有的方案整体构思很有特点,但由于某个不切主题的细部设计而显得画蛇添足。因此,单独一个实体要素不论设计得如何精彩,如果与环境整体不协调,也不能算是成功的。

第六章　建筑设计入门

建筑设计是建筑学专业学习的最主要内容,建筑设计能力的提高需要长时期的锻炼。建筑设计课程的学习有它自身的特点,怎样入门常常是初学者遇到的一个难题。本章即主要从建筑设计的一些特点、规律入手,对建筑设计的基本方法做一些概括的介绍。

第一节　建筑设计的概念与特征

建筑设计是一个非常复杂的概念。何为设计？英文叫"Design",意为在某个目的的前提下,根据限定的要求,制定某种实现目的的方法,以及确定最终结果的形象。设计也是一个创作的过程,完成一件设计作品要有一定的程序,设计就是把一种想像的状态变成现实的操作过程。

建筑设计的全过程大体可以包括三个不同的阶段:方案设计、初步设计和施工图设计,即从业主提出建筑设计任务书一直到交付建筑施工单位开始施工全过程。这三部分在相互联系、相互制约的基础上有着明确的职责划分,其中方案设计作为建筑设计的第一阶段,担负着确立建筑的设计思想、意图,并将其形象化的职责,它对整个建筑设计过程所起的作用是开创性和指导性的;初步设计和施工图设计则是在此基础上逐步落实其经济、技术、材料等物质需求,是将设计意图逐步转化成真实建筑的重要筹划阶段。由于方案设计是建筑设计的最关键环节,方案设计得如何,这将直接影响到其后工作的进行,甚至决定着整个设计的成败。而方案能力的提高,则需长期反复地训练,因此,学校建筑专业课所进行的建筑设计的训练多集中于方案设计,以便学生有较多的时间和机会接受由易到难、由简单到复杂的多课题、多类型的训练。

建筑方案设计有以下四个基本特征。

一、建筑设计是一种创造性的思维劳动

所谓创作是与制作相对照而言的,制作是指因循一定的操作技法,按部就班的造物活动,其特点是行为上的可重复性和可模仿性,如建筑制图、工业产品制作等,而创作属于创新、创造范畴,所依赖的是主体丰富的想像力和灵活开放的思维方式,其目的是以不断地创新来完善和发展其工作对象的内在功能或外

在形式。

建筑设计的创作性是人(设计者和使用者)及建筑(设计对象)的特点属性所共同要求的,一方面建筑师面对的是多种多样的建筑功能和千差万别的地段环境,必须表现出充分的灵活开放性才能够解决具体问题与矛盾;另一方面,人们对建筑形象和建筑环境有着多品质和多样性的要求,只有依赖建筑师的创新意识和创造力才能把属纯物质层次的材料设备点化成为具有一定象征意义和情趣格调的真正意义上的建筑。

建筑设计作为一种高尚的创作活动,它要求创作主体具有丰富的想像力和较高的审美能力、灵活开放的思维方式以及勇于克服困难、挑战权威的决心与毅力。因此,创新意识与创作能力应该是其专业学习训练的目标。

二、建筑设计是一门综合性学科

建筑设计是科学、哲学、艺术以及文化等各方面的综合,不论建筑的功能、技术、空间、环境等任何一个方面,都需要建筑师掌握一定的相关知识,才能投入到自由创作中去。因此,作为一名建筑师,不仅是建筑作品的主创者,更是各种现象与意见的协调者,由于涵盖层面的复杂性,建筑师除具备一定的专业知识外,必须对相关学科有着相当的认识与把握,有广泛的知识积累才能胜任本职工作(图6.1)。

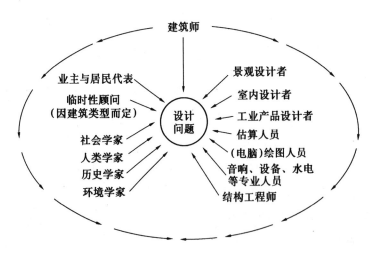

图6.1 建筑师应具备一定的建筑专业知识和广泛性知识

三、建筑设计的多元性、矛盾性、复杂性

建筑并不是独立存在的,它与世间万物有着千丝万缕的联系,为人类提供生存空间的建筑包含着人的各种需求及各种人的需求,表现为建筑的多元性。

建筑是由一个个结构系统、空间系统等构成的人类生活空间,在这里,各系统等构成了人类生活的空间,各系统及其系统的组成部分都具有独立的特性,并且相互之间在整体上呈现出众多的矛盾性,多种矛盾在建筑的整体中寻求统一和协调的过程亦构成建筑的复杂性。

四、建筑设计的社会性

建筑方案是由多个要素形成的,因此,设计方案不一定只有一个,如何择取最优秀的方案,这就看一些具体的条件了,如业主的某种偏爱、造价问题、环境问题……建筑的社会性要求建筑师的创作活动必须综合平衡建筑的社会效益、经济效益与个性特色的关系,努力寻找一种科学、合理与可行的结合点,才能创造出尊重环境、关怀人性的优秀作品。

第二节 建筑设计的过程

为什么从事建筑设计必须考虑到阶段性的设计过程,而不能全部一起考虑以"毕其功于一役"呢?最主要是因为人类处理问题的基本思考能力是有一定限度的,当问题简单时,很容易迅速而全面地掌握,但问题像建筑这般复杂时,我们自然而然会集中全部的基本能力在一定的范围时,全力将这范围内的各种因素作严谨的考虑,才能健全地掌握全盘问题,建筑方案设计过程会因人、建筑而不同,但大体可分为四步。

一、设计前期

建筑设计的第一个过程就是要确定设计的条件,其中包括基地、气候、环境、业主要求、造价、时间……搜集与分析这些资料,其目的是使建筑师在心中形成一个总的概念,以便对后期设计有一个概括的控制和把握。

如何以一套缜密的程序和方法,将设计前所要明了的主要理念分析清楚,威廉丕纳(wilianpena)提出了分析架构(图6.2)。威廉丕纳认为要全面掌握建筑考虑的条件,必须有系统地在机能、形式、经济和时间等项目中,各自分析这个项目内的目标、事实、概念、需求等因素。通过上述分析,可归为以下几个方面。

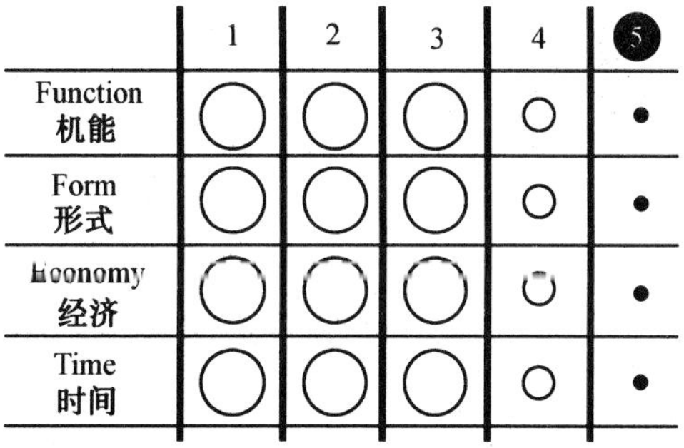

	1	2	3	4	❺
Function 机能	○	○	○	○	•
Form 形式	○	○	○	○	•
Economy 经济	○	○	○	○	•
Time 时间	○	○	○	○	•

图6.2 威廉丕纳提出的分析架构

1.基地分析

(1)要分析基地范围内的道路、树木、河流……的现况(图6.3),并整理出坡度的区域范围,以便清楚地知道基地的自然条件,可以作为不同用途的限制条件(图6.4);分析在环境中的日照和风向关系等气候条件(图6.5),以便为户内外空间营造时提供基本需求;另外,应分析基地内景观的方向和品质,并依照前述各种因素的综合考虑,将基地区分为较私密性和较开放性的不同属性(图6.6)。

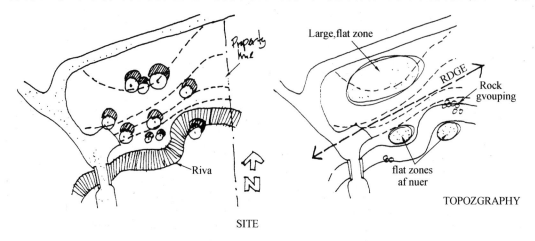

图6.3 道路、树木、河流等现况分析 Laseau.P   图6.4 坡度的区域范围 Laseau.P

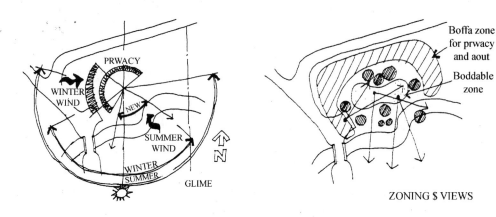

图6.5 日照和风向等气候条件 Laseau.P   图6.6 景观的方向和品质 Laseau.P

(2)要收集城市规划的设计条件,了解规划部门对基地的规划意图、使用性质、周边红线退让情况、日照间距、建筑限高、容积率、绿化率、行车量等要求,以及市政设施分布及供应情况和城市的人文环境和基地周围的建筑风格等。

2.使用功能分析

建筑功能是随着人类社会的发展和生活方式的变化而发展变化的,各种建筑的基本出发点应是使建筑物表现出对使用者的最大关怀。

功能分析,就是根据设计任务书,整理出各建筑空间的关系,成为系统图式(图6.7、6.8),每一建筑的类型都有它特有的系统图式,根据功能关系系统图的逻辑关系,我们能分析出如下内容:

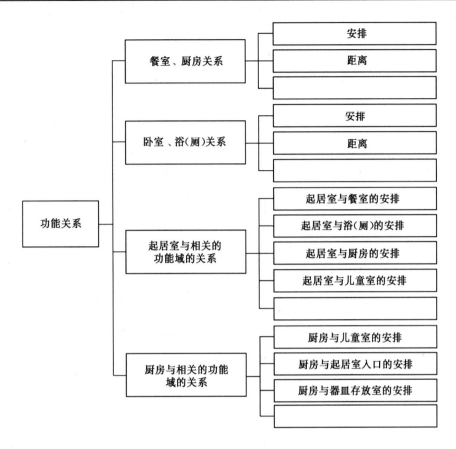

图 6.7 住宅功能分析图

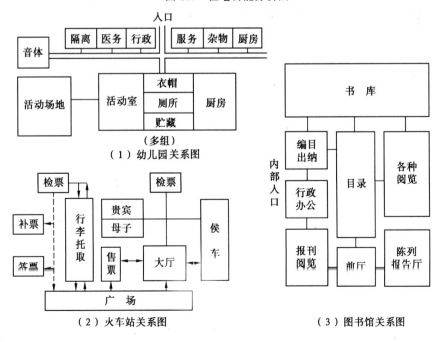

（1）幼儿园关系图

（2）火车站关系图

（3）图书馆关系图

图 6.8 建筑功能关系图式

（1）功能分区、私密空间和公共空间的界定。

（2）空间的主次、序列和相互联系。

（3）人流方向与交通系统。

（4）环境景观要求。

（5）各种功能活动内容。

3.建筑形式特点分析

不同类型的建筑有着不同的性格特点。例如，纪念性建筑给人的印象往往是庄重、肃穆和崇高的，而居住建筑体现的是亲切、活泼和宜人的性格特点。因此，我们必须准确地把握建筑的类型特点。

4.经济技术因素分析

经济技术因素是指建设者所能提供用于建设的实际经济条件与可行的技术水平，它是确定建筑的档次、质量、结构形式、材料应用以及设备选择的决定因素。

二、方案形成

一个优秀的建筑设计，总是要充分发挥想像力，不断完善的结果，特别是在方案形成阶段，立意、构思和方案的比较都具有开拓性质，它对设计优劣成败具有关键性作用。

1.立意

"意在笔先"是所有艺术创作的普遍规律，建筑设计也不例外。所谓立意是确立创作主题的意念，一个设计的立意影响着设计的发展方向，控制着建筑设计的思想内涵。因此，一个好的立意性往往能使一个建筑设计达到很高的境界，并使人们对建筑产生无限的遐想和具有回味无穷的魅力。立意是建筑师全面细致、深入地对建筑设计各因素进行分析调查研究后的结果，不是凭空捏造和苦思冥想而来的。

法国巴黎卢浮宫扩建工程的"玻璃金字塔"是贝聿铭最杰出的立意之一，这一大胆的想法是在建筑师反复考证了卢浮宫现场的实际情况后确定的，在设计与建造过程中不可避免地招致了众多的非议，但它在建成后所呈现出来的光彩照人的艺术效果证明了贝聿铭最初的立意是多么地独具匠心。

又如朗香教堂，它的立意定位在"神圣"与"神秘"的创造上，认为这是一个教堂所体现的最高品质，也正是先有了对教堂"神圣"、"神秘"关系的深刻认识才有了朗香教堂随意的平面，沉重而翻卷的深色屋檐，倾斜或弯曲的洁白墙面，耸起的形状，奇特的采光井以及大小不一、形状各异的深邃的洞窗，由此构成了这一充满神秘色彩和神圣光环的旷世杰作（图6.9）。

图 6.9　修肯(H.Schocken)教授对朗香教堂产生无数的遐想

再如"某高校校庆纪念碑"的设计竞赛方案,立意引用"十年树木,百年树人"的成语,在校园内一片树林中以若干铭刻建校以来的业绩树桩作为纪念碑,寓意树木已成材,其根仍在校,周围又有新树在成长,这就使校庆纪念碑这一主题上升到较高的层面上,并具有了丰富充实的内涵。

2.构思

一般来说,建筑设计方案有了一个较为理想的立意,接下来便是构思了,构思是指怎样将立意通过一定的手段技巧转化到方案的实施中,构思应紧扣立意,同时构思应体现在建筑设计的各个环节,并保证其在整个设计过程中的完整性。构思虽然要创新,但也应建立在可行的基础上,而不是空想,脱离了现实的构思是无价值的。

建筑构思是多方面的,尤其是在建筑等众多学科进行交叉的今天,建筑设计所涉及的每一个方面都可能成为构思的出发点,好的构思应该是建筑师对创造对象的环境、功能、形式、技术、经济等方面进行综合提炼的结果。

构思并不是完全依仗建筑师的主观意识而产生,它的背后是以大量的知识积累为基础的,以建筑师丰富的想像力所决定的,又是以建筑师丰富的生活体验和设计经验来做保证的。

具体的方案构思,常从以下几个方面考虑:

(1)基地环境。富于个性特点的环境因素,如地形地貌、景观朝向以及道路交通等均可成为方案构思的启发点和切入点。

例如,美国建筑师赖特设计的流水别墅(图 6.10),地处一片风景优美的山

图 6.10　赖特设计的流水别墅

林之中,建筑的每一层都大小不一,犹如岩石般的平台向不同的方向伸入周围的山林环境中,纵横交错的建筑悬挑在溪流和小瀑布之上,与所在的自然环境的山石、林木、流水互相渗透,汇成一体,实现了建筑与自然环境的高度结合,设计构思在认识并利用环境方面堪称典范。

在贝聿铭设计的华盛顿美术馆的方案构思中,地形环境的分析和利用起到了关键的作用。用地是一个直角梯形的基地,而且在它的两边有一个老美术馆,因此,它的总体布局有很大的制约性,而它的功能须由两部分组成,一是现代艺术陈列馆;二是现化艺术研究中心。设计者匠心独运,将它分为两部分,一是陈列馆部分,即图中的等腰三角形,其中轴线正好与原来的老美术馆的中轴线相合;二是研究中心,即直角三角形部分,两边正好与国会大厦前的广场路网一致,这个基地环境设计,真可谓"天衣无缝"(图6.11)。

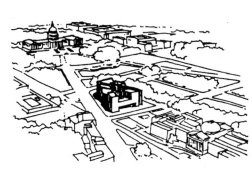

图6.11 华盛顿国家美术馆

(2)建筑性质。建筑的类型是多种多样的,因此,建筑的构思是不能只用一种统一的模式来完成的,而应依照建筑的不同性质表现出一定的差异性,如对于居住性建筑,为了满足人们生活和休息的需要,其构思应立足于使建筑及周边环境给人一种亲切、宁静和朴实的感觉。而对于纪念性建筑,如博物馆、纪念堂等,则力求其建筑构思建立在庄重、肃穆的基础上,使人有崇敬与怀念之感。

(3)功能与技术。对于功能的把握,是建筑能否适用的重要方面,作为建筑功能反映的建筑平面布局设计,常常表现出一定的思维模式,但以逆向思维的方式突破传统思考方法进行平面设计,也不失为建筑构思的一个重要方面(图6.12)。

建筑技术条件是实现建筑可行性的物质保证,建筑结构形式影响着建筑的功能、形式等诸多方面,特别是对于现代建筑中某些具有特殊要求的建筑,建筑结构对建筑的影响尤为突出,因此,以建筑结构作为设计构思的出发点也是一种有效的思考方法。如日本代代木体育馆、游泳馆,采用先进的悬索结构,形成与使用完全吻合的内部空间,并表现出具有民族特征的建筑外观,可谓一个采

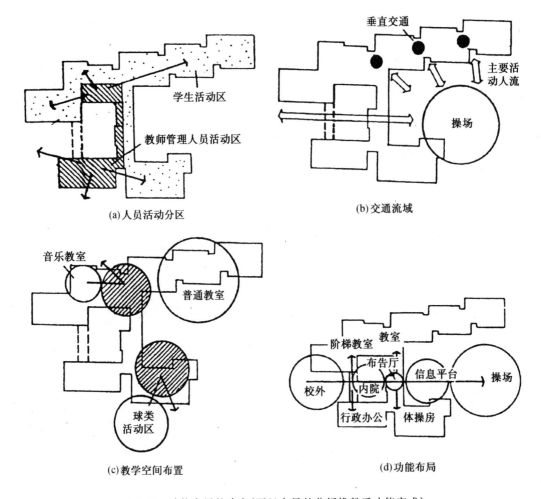

图 6.12　功能布局的确定(要经大量的分析推敲后才能完成)

用建筑技术条件进行构思的成功范例(图 6.13)。

(4)地区文化与传统。每个地区都有其与生俱来的文化传统,并影响着该地区每个人的生活。地区文化在建筑中的体现,使地区建筑形成了千百年以来独特的特征,尤其是那些民间建筑,更是当地特定的环境条件下凝结着劳动人民的智慧,具有独特的魅力。这类建筑更有合理性、经济性和生命力,都将成为我们今天建筑师取之不尽、用之不竭的建筑艺术宝藏。

3.方案的比较

多方案构思是建筑设计的本质反映,建筑设计由于认识和解决问题方式的多样性、相对性和不确定性,其方案设计往往是多样的。由于影响建筑设计的客观因素众多,在认识和对待这些因素时设计者任何细微的侧重就会导致不同的方案对策,只要设计者没有偏离正确的建筑观,所产生的任何不同方案就没有简单意义的对错之分,而只有优劣之别。

多方案构思也是建筑设计目的性所要求的,无论是对于设计者还是建设者,方案构思是一个过程而不是目的,其最终目的是取得一个尽善尽美的实施方案。然而,我们又怎样去获得这样一个理想而完美的实施方案呢?我们知道,要求一个"绝对意义"的最佳方案是不可能的,因为在现实的时间、经济以及技术条件下,我们不具备穷尽所有方案的可能性。我们所能够获得的只能是"相对意义"上的,即在可及的数量范围内的"最佳"方案,在此,惟有多方案构思才是实现这一目标的可行方法。

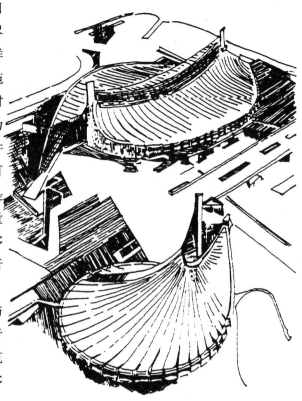

图6.13 日本代代木体育馆、游泳馆

另外,多方案构思中民主参与意识所要求的,让使用者和管理者真正参与到建筑设计中来,是建筑以人为本这一追求的具体体现,多方案构思所伴随而来的分析、比较、选择的过程使其真正成为可能,这种参与不仅表现为评价选择设计者提出的设计成果,而且应该落实到对设计的发展方向乃至具体的处理方式提出质疑,发表见解,使方案设计这一行为活动真正担负其应有的社会责任。

三、方案的确定

在经过前期对有关资料和各种信息进行分析及确定了建筑立意和构思及方案的比较后,建筑设计方案就有了一个总的概念,接下来的工作就是如何紧紧围绕着构思,通过适宜的建筑手段将其转化为具体的建筑方案,在多方案的比较中,确定一个最合理、有潜力的方案了。方案的确定主要表现为以下几个方面。

1.确定功能的合理

功能关系是建筑设计的主要问题,如医院的交通路线交叉,是医院设计致命的功能问题,必须做以调整。尽可能在原构思不变、外部轮廓、建筑面积乃至基本造型都没有多大变化的情况下,把平面功能调整合理。图6.14是一个独立式住宅的最初方案(平面图),设计者发现这种平面对居住生活有不便之处,主要反映在楼梯位置、餐厅与厨房等关系上,它们相互有干扰,可以在此基础上做适当调整(图6.15)。

在确定功能关系是否合理方面,应注意:

(1)每个房间的平面形状、尺度、房间高度、门窗大小、位置、数量、开展方向等。

(2)交通空间的联系与组织。

(3)平面组合设计。

(4)建筑的采光、日照、通风等物理要求。

2.竖向空间变化的确定

从建筑剖面反映建筑物竖向的内部空间关系和结构支撑体系。

图 6.14 最初方案平面图

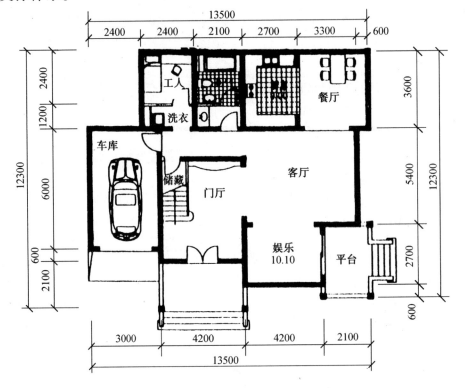

图 6.15 修改方案平面图

(1)确定合理的竖向高度尺寸,主要是指确定建筑各层层高,建筑室内外高差,建筑体型宽高尺寸,屋面形式与尺寸及立面轮廓起伏尺寸等。

(2)研究确定建筑内容、空间形式与利用,对建筑的夹层剖面和错层剖面进行研究,以及中庭空间剖面的研究和剖面中潜在空间的利用与开发等。

(3)通过剖面对影剧院等观众厅室内的视线起坡、音质等建筑物理问题进行设计。

(4)通过剖面确定建筑的结构和构造形式、做法和尺寸等。

（5）通过建筑剖面对坡地等特殊地形的利用（图 6.16）。

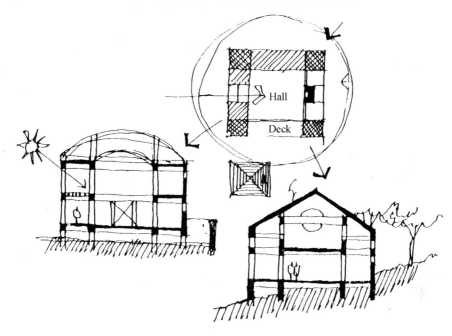

图 6.16　以剖面图分析平面关系中的楼层、结构、屋顶形式、采光等因素

3.结构技术的可行性

建筑师不但要熟悉建筑本身，而且还要掌握诸工程技术问题，特别是结构技术，要在设计中确定合理的结构造型，要对柱子的截面、梁的高度有个大致的判断，才不致于使设计方案陷入被动。

4.场地规划指标

城市规划对建筑设计有许多要求，如建筑物高度的控制（电信、机场等要求）；消防与道路关于红线、容积率、绿化覆盖率的明确要求；建筑物之间的间距等，这些指标在确定方案时要严格核实。

5.建筑形体的确定

建筑具有科学与艺术的双重性。建筑形体设计不可避免地要涉及到关系问题。立面设计应以三维空间的概念审视立面诸要素的设计内容，而不仅仅限定在二维的立面图表达上，所以，在进行立面设计时要有一个总的概念，将每一个立面都看做是建筑物主体的四个面中的一个面，设计时应从整个建筑高低、前后、左右、大小入手，把四个立面统一组合起来考虑，既注意四个立面间的统一性，又要注意变化。

不同的建筑是由不同的空间所组成，并且他们的形状、尺寸、色彩、质感等方面各不相同，因而在立面上也应得到正确的反映，并突出建筑不同的气质，我们做立面设计往往是通过对建筑立面的多样性、轮廓、材料与色彩等问题结合形式美的构图规律进行处理研究,来最终体现所追求的立面意图和效果。

建筑立面的具体设计可以从几个方面来体现:

(1)建筑立面的个性表达。

(2)建筑立面的轮廓。

(3)建筑立面的虚实关系。

(4)建筑立面的材质、色彩。

(5)建筑立面各部分的比例。

(6)建筑立面的尺度。

四、建筑方案的深化

做方案总是从粗到细,而一旦方案基本定型,接下来的工作就是要深化、细化了,细化的工作当然涉及到确定具体的尺寸,详细的形象及其他技术性问题。但首先要注意的是我们做细化、深化的方案时,切莫盲目地深化,而应当是本着原先立意去深化,而不走样,要善于"锦上添花",而不是"画蛇添足"。现代建筑大师密斯、赖特等人,他们不但出好方案,而且十分关心细部。例如,密斯的代表作:巴塞罗那的德国馆,许多细部的形色、材料、色彩……都做仔细考虑,稍有不妥,就要重做。在这里将方案细部设计涉及的一些方面加以列举。

(1)面积、层高等指标要求。

(2)结构与构造的处理。

(3)建筑立面的细部处理。

——门、窗、柱、廊、洞口、装饰等细部。

——建筑转角、入口的细部处理。

——建筑基座、墙身和顶部的细部处理。

(4)建筑外环境的细部处理。

(5)细节设计与规范。

建筑设计离不开规范,建筑师应当熟悉各种有关规范。

——民用建筑设计通则。

——建筑设计防火规范。

——其他各类建筑设计规范。

第二节　建筑设计基本手法

什么叫手法?它的英文写法为"manner",意思为:方式、样式、方法、规矩……无论如何,它只是一种方法和规范,手法的内容是十分丰富的,它包括实体和空间,也包括技巧、工作方法和思想方法。

一、几何分析法

什么叫几何分析？在建筑造型设计中，把建筑抽象为最简单的基本形、几何体，然后研究其外形轮廓和内部各部分之间的形式关系，这就是几何分析法。所谓分析，也包括对已形成的建筑的形象品赏，例如，巴黎戴高乐广场上的凯旋门，我们可以用几何分析法得出其中的许多规律（图6.17），这也就是建筑学的规律，但这是对平面（立面）的分析，几何分析法是把建筑形象简化来进行设计的，这就意味着从大处着眼的设计方法。

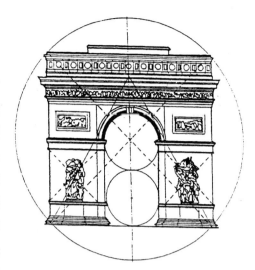

图 6.17　巴黎戴高乐广场上的凯旋门

美国芝加哥的西尔斯大厦，是目前世界上最高的建筑，高达 443 m，如果从立体几何分析来说，这座建筑处理得相当有规律，设计者运用现代建筑的"母题"法则，即以一个造型要素（方柱形样块）进行构筑，方法是以九块形式相同的方柱形体块组成一个"九宫"形的平面，竖向递减，建筑既挺拔又稳健而且富有变化（图6.18）。

二、轴线关系

轴线，一般多指面对称物体的中心线，但在建筑设计手法中，轴线有更为丰富的内涵。建筑中的轴线是指被建筑形象所交代的空间和实体的关系，由这种关系，在人的视觉上产生一种"看不见"但又"感觉到"的轴向。合理的建筑处理，这种轴向感更能合乎意图。

建筑造型处理中，轴线关系相当重要。轴线的处理涉及到许多造型构图法则。因此，把握轴线是一种很有用的设计手法，有人甚至认为，轴线是建筑设计手法的钥匙（图6.19）。

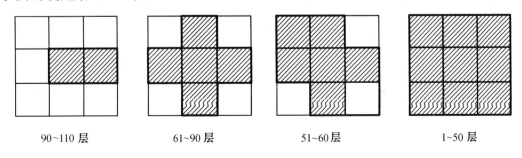

90~110 层　　　　61~90 层　　　　51~60 层　　　　1~50 层

(a) 西尔斯大厦平面

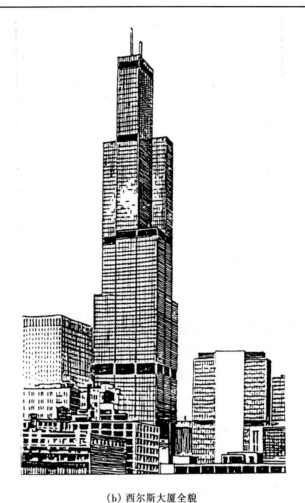

(b) 西尔斯大厦全貌

图 6.18　美国芝加哥西尔斯大厦

在轴线关系中,特别要注意:

(1)轴线的暗示手法。

(2)轴线的转折手法。

(3)轴线的起讫及收头。

三、建筑的虚实处理

在建筑中,虚与实的概念用物质实体和空间来表述,如墙、屋顶、地面等是"实"的,门窗、医院、廊等是虚的。建筑的虚实既然有自己的概念,也就有白身的手法,规则是要虚实得体。

从视觉形象来说,虚和实可以相对地来认识,格式塔心理学认为,凡形能被我们看得见的,必须是这个形的底和形在视觉上有所差异

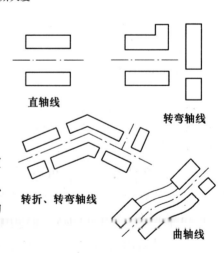

图 6.19　建筑的轴线关系

才能被感知,因此,形和底之间就存在着这样一种互换的关系。

虚实关系在立面处理上可以运用虚实的对比变化(图 6.20),虚实的关系也表现在空间和实体的关系,在我国的传统园林建筑中有很多这样的范例(图6.21)。

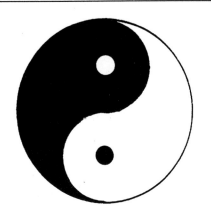

图 6.20　太极鱼图

四、建筑的层次

层次是任何一门文学艺术都须重视的法则,建筑亦为一种造型艺术,也有层次问题。

建筑的层次分为,单视场层次,即通过"一眼望去"能见到的两个或几个层次和多视场层次,即一个建筑作多视点感受时的一个建筑印象。建筑的多视场层次并不一定要让每一个空间都有强烈的个性,相反,有些空间只需记住流线,形象并不重要,这样就突出了主要空间。

层次仅仅是手法,是为建筑服务的,它必须与使用目的相一致,运用层次的手法可以较好地处理:

(1)密性要求。

(2)聚分性要求。

(3)深度性要求。

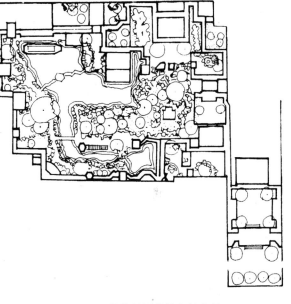

图 6.21　某苏州园林的空间布局

五、收头方法

收头是一个形状的边界部分,或起始,或终止,或转入其他形体,对这一部分进行形态的处理,使它有一种比较完美的交代,这就是收头的意义。

收头在建筑设计中可以视为一个重要手法,在建筑形象中的收头表现为以下几个方面:

(1)形象的终止交代。

(2)不理想的形象要设法隐蔽起来。

(3)两种不同材料的交接处理。

(4)阴角和阳角的收头处理。

第七章　建　筑　表　现

第一节　建筑工具制图

一、建筑工具制图的概念

建筑工具制图是运用图板、尺规等工具,严格按照国家建筑制图标准和建筑表达内容的要求,按一定的比例,用准确、清晰的铅笔或墨线图示语言来表达建筑信息的图示方法之一。正确地理解和掌握建筑工具制图的概念和方法,需要做到以下几点:

(1)建筑工具制图是一种图示语言,这是任何建筑图示的根本意义所在。建筑工具制图一方面是建筑师表达设计意图、实现与他人之间交流建筑相关信息的手段;另一方面是建筑师思考建筑相关问题、落实解决方案的主要途径。建筑工具制图如同作家笔下的文字、画家完成的一幅画一样,起着表达建筑师的认识和思想、准确传递建筑相关信息的作用。

(2)建筑工具制图表达的内容是客观的建筑实体、空间的尺度、材料、技术做法和环境关系等。表达的方式是建筑总平面图、平面图、立面图、剖面图、轴测图、大样图等。

(3)建筑工具制图必须严格按照国家建筑制图标准和建筑表达内容的要求进行。既然建筑工具制图是建筑师的语言,要求必须有通用的语言规则和表示手段,只有这样才能做到简洁、规范和共用。

(4)建筑工具制图必须以工具为基准,按比例绘制。

二、建筑制图常用工具

1.图板

根据规格大小常用图板可分为 0 号图板(900 mm × 1 200 mm)、1 号图板(600 mm × 900 mm)、2 号图板(450 mm × 600 mm)。图板的作用在于为建筑制图提供一个平整、光洁的基面,以及水平和垂直两种呈直角关系的方向基准线。理论上这两种方向呈垂直关系,但实际上限于加工工艺的水平难以做到绝对地精准,因此同时以两个方向为基准是不可靠的,建议在一张图纸的绘制过程中,始终坚持选用其中一条边作为制图的基准线。

2.丁字尺

与图板相配合,以图板边为基准并上下移动,可绘出水平向的平行直线,以及在此基础上做出其他方向的直线和曲线。使用丁字尺过程中习惯以图板左侧为基准,靠紧图板边均匀用力,自上而下移动,自左向右绘制水平直线。

3.一字尺

依靠尺两端滑轮沿固定在图板上的两条线均匀滑动,来绘制水平向的平行直线,其作用同丁字尺。

4.三角板

常用三角板有30°直角三角板、45°直角三角板和旋转三角板三种。使用时紧靠丁字尺或一字尺上部,自左向右移动三角板,自下而上绘制30°,45°,60°,90°方向平行直线,自右向左移动三角板,自上而下绘制120°,135°,150°方向平行直线,以及在此基础上通过三角板的组合绘制15°,75°,105°,165°方向平行直线。旋转三角板的使用原理是将其一边紧靠丁字尺,另一边以三角板左端为固定轴可旋转至任意角度,从而可以绘制任意角度的平行直线,并能够通过板上的刻度准确地读出任意状态的直线与水平向所成的角度。

5.圆规

分可连续调节圆规和随意调节圆规两种。笔尖尽量保持与纸面垂直,按顺时针方向绘制。绘图时,注意保持圆心和圆规的稳定、均匀、连续。

6.分规

分规可任意调整端部的间距,可以度量长度、量取等长线段、作线段中分线和角等分线。

7.针管笔

针管笔是墨线工具制图最重要的工具。根据绘制出墨线宽度(mm)的不同,针管笔的型号通常有0.1,0.18,0.2,0.3,0.4,0.5,0.6,0.7,0.8,0.9,1.0,1.2等多种。绘图时要求针管笔笔尖与尺边保持一微小的距离,向尺外保持一定的角度,均匀连续运笔,按照先上后下、先曲后直、先细后粗的顺序绘制建筑图。

8.比例尺

比例表达的概念是实物的图面长度与其真实长度之间的比值,如1:100即表示在图纸上绘制一个单位的长度,代表了100个单位的实物长度。而比例尺则是通过建筑设计中常用的比例的换算,在图纸上绘制一定的长度,在尺上直接标识出实物长度。如1:200比例尺上1 m的刻度,代表的就是1 m长的实物,而尺上的长度是5 mm,即5 mm的纸面长度代表了1 000 mm(1 m)的实物长度,因此,用这种比例绘出的图形上的长度是实物长度的1/200,它们之间的比例关系是1:200。

9.模板

圆模板、椭圆模板可直接绘制不同半径和长短轴的圆和椭圆;建筑模板可直接绘制一定比例下的常用建筑构配件;数字模板可书写一定字高和字型的数字和英文字母。模板运用的意义在于简单、迅捷、规整地绘制常用的图形和文字。

10.曲线尺

曲线尺可绘制连续变化曲率的曲线,适用于建筑设计构思阶段、方案阶段等特殊需要曲线的绘制。

另外,建筑工具制图还需铅笔、橡皮、裁纸刀、擦图片、胶带纸等共同完成。

三、建筑平立剖面图的绘制

1.平立剖面图的形成

平面图、立面图、剖面图是表达建筑实体、空间构成关系最基本的方式之一。

建筑平面图是根据表达内容的需要,按一定的比例,一般在建筑物的门窗洞口高度上作水平剖切后向下俯视,所形成的包括剖切面和可视线面,以及必要的尺寸、标高、简单文字说明在内的正投影图,如遇不可见部分应用虚线绘制。建筑屋顶平面图应在屋面以上作俯视正投影图,室内顶棚平面图应用镜像投影法绘制。各类平面图的方向宜与总平面图方向一致。建筑各层平面图的名称可用所在楼层数或该楼层的标高来表示。建筑平面图主要用来表达建筑水平向的空间构成和连接关系。

建筑立面图是以一定的比例和按照一定的方向,由可见的建筑轮廓线、门窗洞口、墙面线脚和构配件,以及必要的尺寸、标高、简单文字说明构成的正投影图。室内立面图包括投影方向的可见室内轮廓线和装修构配件,需要表达的非固定家具、灯具、装饰物等,以及必要的尺寸、标高、简单文字说明在内的正投影图。对于平面轮廓复杂的建筑,立面图可分段绘制或展开绘制,并在立面图的图名中清楚标明。建筑立面图的名称可按立面端部轴线编号编注(如①～⑩轴立面图),无定位轴线的建筑可按建筑各面的朝向确定立面图名称(如南立面图)。建筑立面图主要是用来表达建筑外观上的体块和构配件构成,以及层次、比例、虚实等关系。

建筑剖面图是以一定的比例,按照平面图中指定的位置和方向,用一个垂直面对建筑作剖切,形成的包括剖切断面和沿投射方向看到的建筑构造、构配件,以及必要的尺寸、标高、简单文字说明在内的正投影图。剖切面也可同时选择两个平行或成角度的垂直面,连续绘制。剖面图的编号宜用阿拉伯数字,并与平面图中剖切符号一致。剖面图主要是用来表达建筑竖直方向上的空间构成和连接关系。

建筑断面图与剖面图相似,区别在于断面图只绘制剖切面切到的部分,看到的部分则省略。

建筑轴测图是直接表达建筑的三维形体与尺度关系的轴侧投影图,可分为正等测、正二测、正面斜等测、正面斜二测、水平斜等测、水平斜二测等。

2.工具制图的图线

建筑平立剖面图、轴测图均是以线条绘制的形式表现出来,而实际上建筑的构成内容是有层次的,同样表达的中心和重要性也是有区别的,这表明在工具制图时,单一的线条是无法完成建筑复杂内容的表达,因此,需要运用不同宽度的图线——线型来对应不同内容的表达。图线的基本线宽 b ,以及根据图样的复杂程度和比例大小选定的线宽组,宜从表7.1中选取。

表7.1　线宽组

线宽比	线宽组/mm					
b	2.0	1.4	1.0	0.7	0.5	0.35
$0.5b$	1.0	0.7	0.5	0.35	0.25	0.18
$0.25b$	0.5	0.35	0.25	0.18	——	——

根据表达内容的需要,建筑工具制图图线的选择应符合表7.2的规定。

表7.2　图线

名称	线型	线宽	用途
粗实线	——	b	1. 平、剖面图中被剖切的主要建筑构造的轮廓线 2. 建筑立面图或室内立面图的外轮廓线 3. 建筑构造详图中被剖切的主要部分的轮廓线 4. 建筑构造详图中的外轮廓线 5. 平、立、剖面图的剖切符号
中实线	——	$0.5b$	1. 平、剖面图中被剖切的次要建筑构造的轮廓线 2. 建筑平、立、剖面图中建筑构配件的轮廓线 3. 建筑构造详图及建筑配件详图中的一般轮廓线
细实线	——	$0.25b$	小于 $0.5b$ 的图形线、尺寸线、尺寸界限、图例线、索引符号、标高符号、详图材料做法引出线等
中虚线	– – –	$0.5b$	1. 建筑构造详图及建筑构配件详图中不可见的轮廓线 2. 拟扩建的建筑物轮廓线
细虚线	– – –	$0.25b$	小于 $0.5b$ 的不可见轮廓线
细单点长划线	—·—	$0.25b$	中心线、对称线、定位轴线
折断线	—✕—	$0.25b$	不需画全的断开界线
波浪线	～～	$0.25b$	1. 不需画全的断开界线 2. 构造层次的断开界线

图线的绘制过程中应注意:

(1)点划线的两端应是线段,不应是点;点划线与点划线交接或点划线与其他图线交接时,应是线段相交。

(2)虚线与虚线交接或虚线与其他图线交接时,应是线段相交;虚线为实线的延长线时,不得与实线连接。

(3)图线不得与文字、数字或符号重叠混淆,不可避免时,应首先保证文字等的清晰。

3.尺寸标注

建筑制图的尺寸标注是为了配合一定比例的图线,更直观、准确地反映建筑的真实长度、高度和间距。尺寸标注由尺寸界线、尺寸线、尺寸起止符号和尺寸数字组成。其中尺寸界线用细实线绘制,一般与被标注长度垂直,其一端应离开图样轮廓线不小于 2 mm,另一端宜超出尺寸线2~3 mm;尺寸线与被标注长度平行,用细实线绘制,图样本身任何图线不得用做尺寸线;尺寸起止符号一般用中粗斜短线绘制,其倾斜方向应与尺寸线成顺时针45°角,长度为2~3 mm,半径、直径、角度、弧长的尺寸起止符号宜用箭头表示;尺寸数字的方向应按图 7.1 的规定注写。

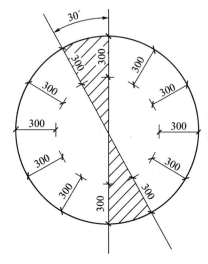

图 7.1　尺寸数字的标注方向

半径的尺寸线应一端从圆心开始,另一端箭头指至圆弧,半径数字前应加注半径符号"*R*"(图 7.2(a));较小圆的半径,可按图 7.2(b)式样标注;较大圆弧的半径,可按图 7.2(c)式样标注。

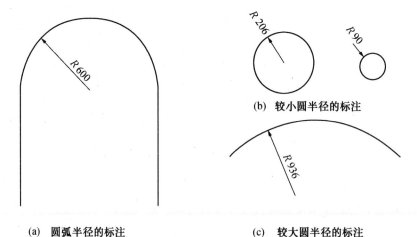

(a)　圆弧半径的标注　　　　(c)　较大圆半径的标注

图 7.2　半径的尺寸标注

直径的尺寸线应通过圆心,两端箭头指至圆弧,直径数字前应加注直径符号"ϕ"(图7.3(a));较小圆的直径尺寸可标注在圆外(图7.3(b))。

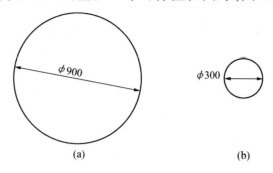

图7.3 直径的尺寸标注

球体半径、直径的尺寸标注方法同圆的半径、直径的尺寸标注,区别只是在尺寸数字前加注"SR"或"$S\phi$"。

角度标注的尺寸线是以该角的顶点为圆心的圆弧,角的两边为尺寸界线,尺寸起止符号为箭头并指至角边线,角度数字按水平方向书写。

圆弧标注弧长时,尺寸线用与该圆弧平行的圆弧线表示,尺寸界线垂直于该圆弧的弦,尺寸起止符号为箭头并指至尺寸界线,弧长数字上方应加注圆弧符号"⌒"。

圆弧标注弦长时,尺寸线应以平行于该弦的直线表示,尺寸界线垂直于该弦,尺寸起止符号用中粗斜短线表示。

坡度标注应加注坡度符号"∠",该符号为单面箭头,指向下坡方向。坡度也可用三角形形式标注。

非圆曲线可用坐标形式标注尺寸,复杂的图形可用网格形式标注尺寸。

标高的标注应以细实线绘制的等腰三角形表示,总平面图中室外地坪标高符号用涂黑等腰三角形表示。标高数字以米(m)为单位,标至毫米(mm)位,总平面图中标至厘米(cm)位。零点标高注写成0.000,正数标高不注"+",负数标高应注"-"。

4.其他相关概念

(1)图纸幅面与图框尺寸应符合表7.3规定的格式。

表7.3 幅面与图框尺寸　　　　　　　　　　　　　　　　　　　　　mm

图号 尺寸	A0	A1	A2	A3	A4
$b \times l$	841 × 1 189	594 × 841	420 × 594	297 × 420	210 × 297
c		10		5	
a			25		

（2）定位轴线。为了清楚说明建筑构配件在建筑中的位置，以及构配件之间的相对尺寸关系，把确定建筑中主要的结构构件如承重墙体、柱等位置的辅助线称为定位轴线，并按顺序编号。定位轴线和由多个、多方向的定位轴线组成的轴线网，构成了建筑从整体到局部构配件的定位基准。

定位轴线应用细点划线绘制，其编号应注写在轴线端部 8～10 mm 用细实线绘制的圆内。建筑平面图中定位轴线的编号，横向编号用阿拉伯数字自左向右顺序注写，竖向编号用大写拉丁字母自下向上注写。其中拉丁字母 I，O，Z 不得用做轴线标号，以避免与阿拉伯数字 1，0，2 混淆。拉丁字母数量不够使用时，可增用双字母或单字母加数字注脚，如 AA，BA，CA，…，YA 或 A1，B1，C1，…，Y1。

两根定位轴线之间的附加轴线编号以分数形式表示，分母表示前一根轴线的编号，分子表示附加轴线编号，依次用阿拉伯数字注写；1 号轴线或 A 号轴线之前的附加轴线编号，分母以 01 或 0A 表示；一个详图适用于多根轴线时，应同时依次注明相关轴线编号图（图 7.4）。

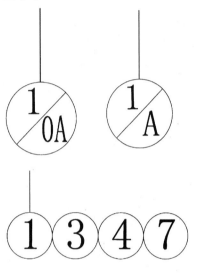

图 7.4　定位轴线的标注

（3）建筑模数。模数，即为选定的尺寸，作为尺度协调中的增值单位，其目的在于在建筑的设计、制作、安装过程中，减少建筑构配件的尺度变化，做到标准化生产；在现场组装时，不需切割，实现不同构配件间的协调和可互换；在尺寸设计时有参照的尺度基准和更大的灵活性。

建筑设计中，不同的建筑构配件适用的模数是不一样的，需要协调，为此产生了基本模数——模数协调中选用的基本尺寸单位，目前世界各国均采用 100 mm 为基本模数值，其符号为 M，1 M = 100 mm；扩大模数——基本模数的整数倍数，如 3 M、6 M…60 M 等；分模数——整数除基本模数的数值，如 1/2 M、1/5 M、1/10 M 等。由基本模数扩大模数和分模数构成了建筑模数系列（表7.4）。

（4）符号。

①剖视剖切符号（图 7.5（a））：由剖切位置线、剖视方向线和剖切编号组成。剖切位置线长 6～10 mm，剖视方向线垂直于剖切位置线，指向剖视方向，长 4～6 mm，二者均用粗实线绘制；剖切编号由左至右、由下至上编排，注写在剖视方向线端部。剖切符号应注在 0.000 标高平面图上。

表7.4 常用模数系列　　　　　　　　　　　　　　　　　　　mm

模数名称	基本模数	扩大模数						分模数		
模数基数	1 M	3 M	6 M	12 M	15 M	30 M	60 M	1/2 M	1/5 M	1/10 M
基数数值	100	300	600	1 200	1 500	3 000	6 000	50	20	10
	100	300								10
	200	600	600						20	20
	300	900								30
	400	1 200	1 200	1 200					40	40
	500	1 500			1 500			50		50
	600	1 800	1 800						60	60
	700	2 100								70
	800	2 400	2 400	2 400					80	80
	900	2 700								90
模	1 000	3 000	3 000		3 000	3 000		100	100	100
	1 100	3 300								110
	1 200	3 600	3 600	3 600					120	120
	1 400	3 900								130
数	1 500	4 200	4 200						140	140
	1 600	4 500			4 500			150		150
	1 800	4 800	4 800	4 800					160	160
系	1 900	5 100								170
	2 000	5 400	5 400						180	180
	2 100	5 700								190
列	2 200	6 000	6 000	6 000	6 000	6 000	6 000	200	200	200
	2 400	6 300							220	
	2 500	6 600	6 600						240	
	2 600	6 900					250			
	2 700	7 200	7 200	7 200					260	
	2 800	7 500				7 500				280
	2 900		7 800					300	300	
	3 000		8 400	8 400					320	
	3 100		9 000		9 000	9 000			340	
	3 200		9 600	9 600				350		
	3 300				10 500				360	
	3 400			10 800					380	
	3 500			12 000	12 000	12 000	12 000	400	400	
	3 600						15 000			

模数应用范围:基本模数用于建筑物层高、门窗洞口和构配件截面处;扩大模数用于建筑物的开间、进深、柱距或跨度、层高、构配件截面尺寸和门窗洞口等处;分模数用于缝隙、构造节点和构配件截面处。

②断面剖切符号(图7.5(b)):只用剖切位置线和剖切编号表示。剖切位置线用粗实线绘制;剖切编号注写在剖切位置线指向剖视方向的一侧。

③索引符号(图7.5(c)):图样中的某一局部或构配件,如需另见详图,应用

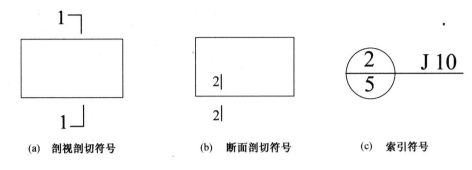

(a) 剖视剖切符号   (b) 断面剖切符号   (c) 索引符号

图 7.5　剖视剖切符号的标注

索引符号引出。索引符号由直径 10 mm 的圆、水平直径和索引编号组成,圆和水平直径用细实线绘制,索引出的详图与被索引图样在同一张图纸内时,应在索引符号的上半圆中用阿拉伯数字注写该详图的编号,在下半圆中画一段水平细实线;索引出的详图与被索引图样不在同一张图纸内时,应在索引符号的上半圆中用阿拉伯数字注写该详图的编号,在下半圆中用阿拉伯数字注写该详图所在图纸的编号。索引符号用于索引剖视详图时,在被剖切位置绘制剖切位置线,并以引出线引出索引符号,引出线所在的一侧为剖视方向。

图 7.6　对称符号

④详图符号:由粗实线绘制的直径 14 mm 的圆和详图编号组成。详图与被索引图样在同一张图纸内时,应在详图符号的圆内用阿拉伯数字注写该详图的编号;详图与被索引图样不在同一张图纸内时,应在详图符号的圆内画水平直径,在上半圆中注写该详图的编号,在下半圆中注写被索引图样的图纸编号。

⑤对称符号(图 7.6):由对称线和两对平行线组成。对称线用细点划线绘制,平行线用细实线绘制,长 6 ~ 10 mm,每对间距 2 ~ 3 mm,对称线垂直平分平行线,两端超出平行线 2 ~ 3 mm。

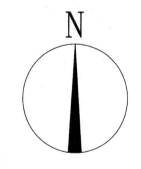

图 7.7　指北针

⑥指北针(图 7.7):其圆直径 24 mm 或更大,用细实线绘制,指针尾部宽 3 mm 或圆直径的 1/8,指针头部注写"北"或"N"。

第二节　建筑钢笔画技法

一、建筑钢笔画简介

钢笔画是具有丰富表现力的画种之一,它既有素描层次丰富的表现力,又具有黑白对比强烈的特点。钢笔画最早见于欧洲的建筑庭院图稿,以及其他构思、构图素描画稿。它流传广泛,具有悠久的历史,并逐渐形成独立完整的绘画形式。钢笔画运用线的结合,以线的粗细、长短、疏密、曲直等来组织画面,画面效果概括、提炼、明快肯定,舍弃烦琐的细微变化,突出鲜明的黑白对比。缺点是不易擦改,必须一气呵成。

在建筑设计领域里,用钢笔来表现建筑比较普遍,这不仅因为其独特的效果,而且较之铅笔画等画种更便于制版印刷,晒图复印。建筑设计者通过钢笔画来搜集创作素材资料,作设计构思草图,画建筑画,在旅行写生、速写时钢笔画也常常大显身手。

有时钢笔画还可以与毛笔、木炭笔、粉笔等结合使用,也可以在钢笔稿的基础上涂上淡彩,成为淡彩钢笔画,这些都会在建筑表现时经常用到。

二、钢笔画工具

钢笔画工具的选择直接影响到绘画的表现形式和风格特征,选择适合自己的钢笔画工具是很重要的。钢笔画常用的笔有自来水笔、蘸水钢笔、针管笔、弯头美工笔等,均可在文化用品商店购得,也可以根据需要自己加工改造和制作,如将普通的自来水笔的笔尖弯成一定的角度即可制成弯头美工笔,弯头美工笔的笔尖可以画出细而匀的线条,笔的根基部可以画出粗而阔的深色细条(图7.8)。除有上述各种性能的笔以外,还有竹笔、羽管笔、芦管笔等可供选用。

钢笔画使用的墨水,最好是有光泽而又无沉淀渣滓的墨水,一般选用碳素墨水即可。有时,人们也选用其他颜色的墨水作钢笔画,这会给人们带来一种特殊的风格和感受。但要注意的是一幅画通常只能用一种颜色的墨水来完成。

图7.8　弯头美工笔

钢笔画的纸张,要求纸质坚实,纸面光滑平整而无纹理,同时具有一定的吸水性。一般的道林纸、铜版纸、卡纸等均是理想的用纸。

为了便于修改画面,我们可以准备一把刀笔(可以制成斜口小刀),或者普通的刀片也行。有时也可以用它来创造一些特殊的效果,如在深色调子上刮出反光的效果等。

三、钢笔画线条

钢笔画的特点决定了画线和组织线条是钢笔表现建筑技法的基本手段。钢笔画的线条和笔触具有生动感和运动感,要求线条自然流畅,笔触丰富而富有神采。

在钢笔画中,除了纯白和纯黑以外,凡是中间色调——从浅灰到深灰,都是由组成这种色调的线条组织起来得到的。绘画对象结构、质感、光影等都需要选用不同形式的线条来描绘。线条的组织对于最后的完成效果起着重要的意义,而利用不同形式的线条组织来表现不同的对象,这也是钢笔画的特长。不同的线条组合与排列,会给人以不同的视觉效果。

1.单线与轮廓线

单线的种类有直线、折线、曲线等,线条的运用有轻重快慢之分。运笔轻,线条细;运笔重,线条粗;运笔快,线条流畅;运笔慢,线条钝涩。运笔时要放松,一气呵成。过长的线条不要分小段反复描绘或搭接描绘,可以在中间断开分段画。不要强求线的笔直,中间有小弯不要紧,整体是直的即可,保持线的连贯性和流畅性是很重要的,可以根据景物的不同特点加以运用(图7.9)。

建筑以及配景的轮廓线多用单线描绘。轮廓线表示的是对象的形体结构,它指挥和制约着其他线条的运用。通常描绘比较肯定的建筑物时,只要将轮廓线画准确、简练就行了。而处理古老、残旧的建筑以及树、水、云等轮廓模糊的景物时,应该学会概括和提炼的手法。比如断线、自由变化曲线、粗糙线条以及留白等方法的运用,以便给人留有想像的余地,从而提示出空间和质感的存在(图7.10)。

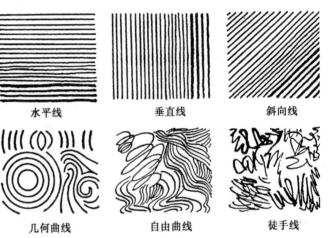

水平线　　垂直线　　斜向线

几何曲线　　自由曲线　　徒手线

图7.9　单线

2.排线与网线

线条并列和移动形成排线。排线和排线相交便形成网线。竖线、横线、斜线、曲线、交叉线、席纹、回转纹、乱线等线组,为表达建筑以及配景的不同材质提供了丰富的表现手段(图7.11)。

组成线网时,要注意排线之间的交角,交角大的线网适合表现粗糙的景物,如石墙面等,交角小的线网适合表现柔和细致的景物,如云彩、光滑的墙面等(图7.12)。

图7.10　水体　钟训正

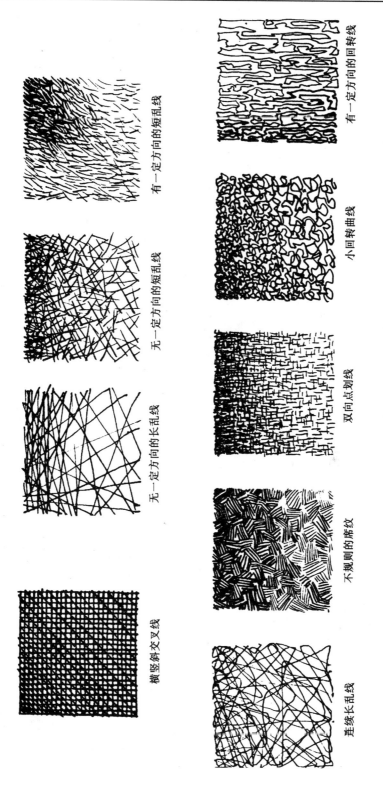

有一定方向的短乱线

无一定方向的短乱线

无一定方向的长乱线

横竖斜交叉线

有一定方向的回转线

小回转曲线

双向点划线

不规则的席纹

连续长乱线

图7.11 排线

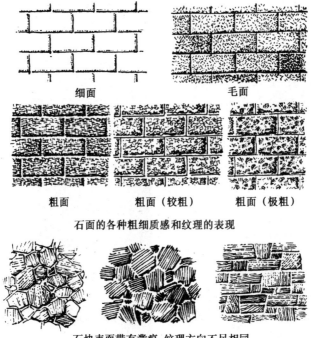

细面　　　　　　毛面

粗面　　　　粗面（较粗）　　　粗面（极粗）

石面的各种粗细质感和纹理的表现

石块表面带有凿痕，纹理方向不尽相同

图 7.12　网线

3. 笔触

钢笔运笔的轻重、长短、方向、速度等的不同形成各种笔触，笔触带给画面或细腻华丽或粗犷磅礴的不同趣味。比如中锋运笔肯定明确，清晰有利；颤笔似断又连，艰涩古朴；运笔较重会形成压笔笔触，利于表现颜色较重的部分；运笔逆行形成反笔笔触，用于表现大面积的深色；笔尖轻点可以形成如雾似幻的迷蒙；多笔触的融合，可以形成变化丰富的斑斓等（图7.13）。

图 7.13　笔触的运用

四、调子与层次

1. 调子

钢笔画是通过正确处理色调——黑白灰三者的关系来表现景物的。具体来说，是运用线条的组合和不同的笔触来形成深浅层次和调子。钢笔画的色彩主要取决于线条的疏密、粗细，越是排列紧密,笔触阔大叠加遍数多的线条所组成的画面,色调就越深;而线条疏而细,叠加遍数少的,线条所形成的画面色调就浅(图7.14)。

图 7.14　调子深浅　钟训正

与其他画种相比,钢笔画具有两个突出的特点:一是黑白对比特别强烈。黑与白是钢笔画中两个最基本的因素,黑与白所带来的强烈的反差为钢笔画带来了生动鲜明的效果;二是中间色调没有其他画种丰富,表现起来有一定的难度。这就要求我们必须舍弃烦琐细微的变化,运用概括的方法,突出黑白对比,并在把握好黑白对比强烈的大关系的前提下,注意图中的中间层次——灰色部分,从而使画面层次丰富而耐人寻味,如彭一刚所绘"绮玉轩",画面效果典雅而细腻(图 7.15)。

所谓概括方法,就是在画钢笔画时,通过对所画的对象的仔细分析和理解,着重表现对象中比较突出的要素,对于一些次要的细微末节上的变化,则应该大胆地予以舍弃。这样通过去粗取精、概括和提炼,不但不会因此而损坏所绘景物的固有本质,相反,却会充分发挥钢笔画以少胜多、给人以丰富想像空间的特有的艺术魅力(图 7.16、7.17)。

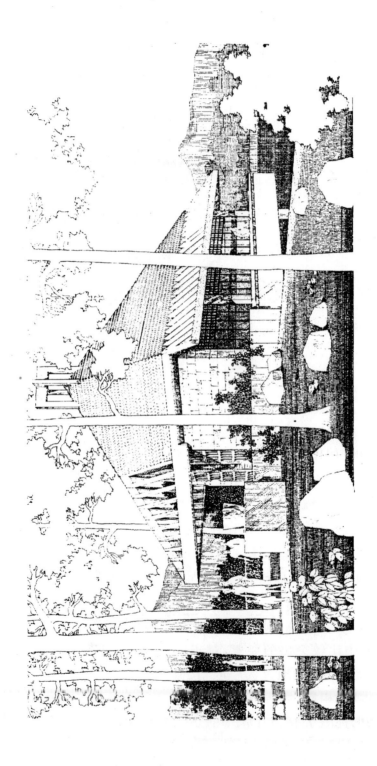

图 7.15　筑玉轩　彭一刚

图 7.16　某教堂的概括画法

图 7.17　某教堂速写

　　当然,同时我们也不能忽视中间色调的作用。中间色调的存在,可以避免黑色对比失调,增加画面的层次感。有时为了使画面主体突出和增加想像的余地,我们还常用"空白"处理,即在对周边建筑物进行表现时,将画面的边缘部分作忽略和省略处理,使周边四角逐渐淡出乃至空白。这样既能避免画面满铺的呆板和郁闷,从而带来生气和活力,同时可以将人的目光后注意力引导聚焦至画面的主体上来(图 7.18、7.19)。

2.层次

这里的层次是指我们描绘建筑时所表现的空间深度。产生层次与空间感的原因既与透视本身的三度空间感直接相关,同时也与空气中的尘埃与水汽对物体的明暗、色彩和清晰度影响有关。通常我们可以将画面分成三个层次:近景、中景、远景。

近景的主要作用是使描绘的建筑退后,给人以观赏的距离,同时起到画框的作用。近景多为建筑物前面的环境,如人、车、花、草、树木等。近景需要注意外轮廓形状,可以配以深色剪影,也可以留白或用浅色调。由于近景是起陪衬作用的,因此画时不能过于强调本身的体积感,明暗的变化宜平淡。近景中的物体不必追求完整性,常常以局部出现(图 7.20)。

图 7.18　高层建筑速写

图 7.19　赖特设计某住宅速写

图 7.20　近景的简略表现

中景是主要描绘的对象——建筑物。中景应具有较强体积感和透视感,黑白对比强烈,细节表达充分,质感、色感、光影表现明晰,位置经营得当。这是建筑钢笔画表现的重点,也是我们需要费心琢磨的地方(图7.21)。

图7.21 中景的重点刻画

远景是建筑物后面的衬托景物,它加深了画面的深远感。远景的用色宜灰,不宜强调体积感与明暗关系,在画面中同近景一样,应处于从属的地位。通常将远景物象作高度概括、简要表现,色调变化小,甚至无变化,如彭一刚所绘"临渊坊"(图7.22)。

近景、中景和远景的色阶上的对比不是固定的,应根据具体的情况灵活运用。一般多利用前后景明暗的对比关系来加强层次感,应以加强整体画面效果的空间深度为最终目的。

五、途径步骤

1.途径

初学者应首先做各种线条及其组合的练习,一方面体会运笔时的速度、力度以及角度等笔触的变化,另一方面熟悉线条长短、轻重、曲直、粗细以及组合的各种变化。这也为进一步地正式绘画打下良好的基础。

然后我们就可以开始临摹了,临摹是学习钢笔画的必要途径。通过临摹,我们可以学习建筑钢笔画的基本绘画技能、表现方法和规律。临摹的摹本非常重要,最开始的时候一定要从简单的画面摹起,比如用单线表现的建筑局部或体块清晰明确的单体建筑。这时候首先要注意抓大形,力求将轮廓、形体比例与透视关系画准,然后再研究它的概括取舍和用线特征等。在教学中常有学生一开始就选择复杂而难度较大的作品来临摹,或者选择风格比较狂放而看不清

图 7.22　临渊坊　彭一刚

细节的"大师"级作品来临,"未会走先学跑",结果由于学不像而失去了学习兴趣和信心。由简到繁,循序渐进是我们必须经历的学习过程。

在临摹时应增强主动性和目的性,减少被动和盲目。每次临摹前一定要仔细分析原作,包括它的构图、透视角度、排线方法、质感和光影以及色调的表现等等,找出你最想学的地方。有目的有选择地临摹会使我们每画完一张都能有所收获。

当我们临摹了一些作品并掌握了基本方法和规律后,就应该开始实地写生了。实地写生不同于临摹,只有在写生中我们才能学会对物象的概括和取舍,学会处理局部与整体、物象与表现的关系,从而加深对建筑钢笔画的理解。在写生时,我们同样要由简到繁,有选择、有目的地进行。写生时不要急于动笔,要对物象进行多角度地观察、分析和比较,选择最佳的透视角度、视点和距离,一般成角透视建筑立体感强,而高视点俯视易于表现建筑环境以及建筑群体(图 7.23),仰角透视适于表现宏伟高大的建筑物,如潘玉昆所绘蒙特利尔某教堂(图 7.24)。

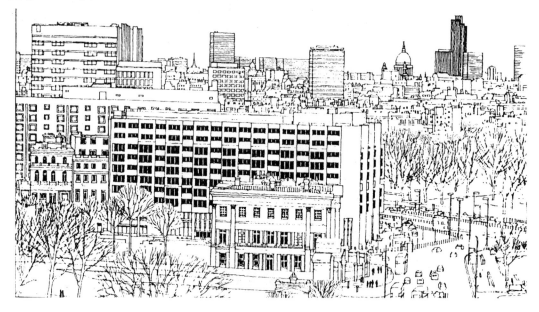

图 7.23 某建筑俯视表现

写生的关键是准确,抓住画面整体效果,包括建筑的透视关系、形体比例、画面的构图、重点部位的刻画等。当我们落笔前一定要做到心中有数,胸有成竹,这样才能够意在笔尖,取舍有度,下笔之后一气呵成,准确、精炼地表现对象。

建筑风景照片的摹写与再创作也是我们学习建筑钢笔画的有效途径之一。我们可以尝试运用不同的表达方法对同一张照片进行再现。单线白描,明暗表

图 7.24 蒙特利尔某教堂 潘玉昆

现,单线与明暗结合表现等。也可以尝试各种不同绘图工具来体会它们为钢笔画所带来的独特的艺术魅力,从而迅速提高表达形象的能力和技巧。

2.步骤

对于初学者而言,刚开始临摹和写生时,可以先用铅笔将主要的轮廓打好,然后再用钢笔进行描绘。这样可以避免一张画刚画了寥寥几笔就不得不放弃的窘境。当然,当我们学习了一段时间,有了一定的把握后,必须当机立断抛弃铅笔,直接用钢笔来画,从而克服下笔犹豫、不敢肯定的弊病,进一步培养自己的自信力。

作钢笔画的步骤不是一个固定的模式,要根据所描绘的具体对象以及每个人的习惯去运用。各个步骤的前后交叉、循环往复以及顾此及彼的现象都会在实际操作中存在,也是合理的。在画法上也有局部—整体—局部、先深后淡、局部展开等不同的方法,但基本的作画步骤是相同或相似的。

(1)立意与构图。面对所要表现的对象,不能看到哪画到哪,而要做到胸有成竹,这样下笔之后才能一气呵成。这就要求我们首先要有明确的立意,通过对表现对象的不同角度的仔细观察,包括景物布局、造型特征、透视变化、色调层次、光影变化等,对产生的感受进行整理、取舍和提炼,把握第一印象中最能打动我们的地方,确定所要表现的主题和采取的表现技术取向,然后就可以进行构图和布局了。

构图的时候要先确定画面的长宽比以及建筑物在画面中的大小及位置。建筑周围要适当留空,避免拥塞和压抑感。画建筑时要注意视点和视平线的选择,这直接影响到所描绘景物的整体面貌。开始布局时,可以先勾勒景物的大体轮廓,抓大的动势,由整体而局部,确定大形的比例透视关系和线形关系。确定画面的表现重点和前后层次关系的处理,把握好画面整体的均衡感。画线时要留有一定的余地,可用点以及似断似连的线画出大体线形关系。运笔应有力度,简洁明快。也有先从一个局部开始描绘的,由此及彼循序渐进地展开,这对于初学者有一定的难度,需要时时刻刻对全局有整体的把握,必须经过一段时间的练习才能够掌握。

(2)深入刻画。在造型关系中,整体与局部的关系处理起着指导作用。我们应该从整体出发,从局部入手,对所绘景物进行深入刻画。首先要做到有主有次,需重点刻画的地方要精雕细刻,不吝笔墨;次要的地方则应以简达繁,惜墨如金。其次,明暗光影及色调安排合理,将复杂的光影色调加以概括综合,同时质感表达要真实细腻、取舍有度。此外,还要注意画面空白的处理,用空白来表现水、雪、天空、云彩、树木、墙面和屋顶等,可以为画面平添丰富的想像空间。通过我们精心地分析、理解、概括、提炼和取舍,使画面表现出丰富的层次感、空气感和空间的虚实变化,从而达到既勾画准确不失其形,又充分表达画景的意的目的。

(3)调整完善。调整的工作不仅仅是最后阶段要进行的,而且应该在绘画的各个过程中随时进行。要从整体出发,随时注意画面黑、白、灰的整体关系并加以控制,随时检验是否达到最初的构思立意效果并加以调整。理顺钢笔画各要素的对比统一关系,太乱则要加强整体性,太呆板则要增强趣味性,太空泛则要强调细节刻画,太灰则应加强重点部位的黑白对比等等,以期使整体效果既平衡而又不呆板,主次分明,层次清晰,达到画面理想的对比统一平衡效果。同时还要注意配景配置的调整,要围绕主体建筑进行,既不能过于精雕细刻以至于喧宾夺主,又要打破画面的单调感,创造浓厚的环境气氛。这时线条明暗的处理应尽量简练,使之与建筑融为一体。

第三节　建筑渲染技法

一、建筑渲染的目的、种类和特点

1.建筑渲染的目的

渲染是表现建筑形象的基本技法之一。通过渲染技巧,可在二维平面上获得表达三维空间的形象立体感,从而更能直观地展现建筑形象的无限魅力。

2.建筑渲染的种类

比较常见的建筑渲染包括水墨渲染和水彩渲染两大类,即通过调和不同浓淡、不同深浅的墨汁和水彩颜料,运用适当的渲染方法,通过丰富的明暗变化和色彩变化来表现建筑形象的空间、体积、质感、光影和色调。

3.建筑渲染的特点

建筑渲染作为传统的表现技法之一,其特点表现为:

(1)形象性。形象性即人们在日常生活中对建筑及其环境的细心观察与体验,素材积累日渐丰富,促使大脑产生记忆和联想,形象思维能力和想像能力不断提高,从而激发建筑创作灵感。

(2)秩序性。任何一种造型艺术都应遵循形式美规律法则,建筑形象的创作亦是如此。在西方古典柱式水墨渲染作业中,既强调画面构图的完整性和诠释柱式主体与背景的主从关系的配合,又强调建筑物在强光照射条件下各组成部分之间的明暗对比关系,从而达到建筑空间和建筑形象的统一。

(3)技巧性。与素描、线描、速写、水彩画、水粉画以及电脑效果图等其他表现技法相比较,建筑渲染技法有其独特的技巧性。具体而言:

——构图严谨,有序统一(图 7.25);

——明暗生动,光感强烈(图 7.26);

图 7.25　北京天坛

图 7.26　流水别墅

——色彩和谐,变化有机(图 7.27);

图 7.27 室内空间(过廊)

——渲染均匀,细致入微(图 7.28)。

图 7.28 某住宅室内空间

二、渲染工具及用具

建筑渲染过程中所需要的工具及用具(图 7.29),具体包括:

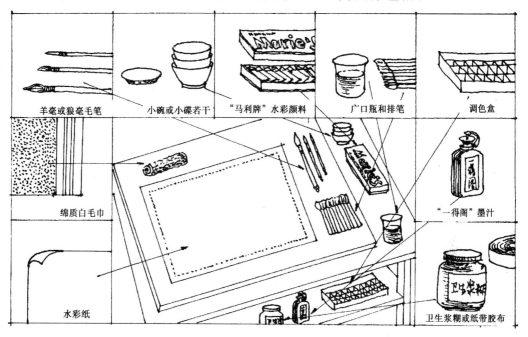

图 7.29　建筑渲染工具及用具

1.渲染工具

(1)毛笔。一般用于小面积渲染,至少准备三支,即大、中、小,可分为:羊毫类,如白云;狼毫类,如依纹或叶筋。

(2)排笔。通常用于大面积渲染。排笔宽度一般在 50~100 mm 左右,羊毫类。

(3)贮水瓶、塑料桶或广口瓶。用于裱纸以及调和墨汁和水彩颜料。

2.主要调色用具

(1)调色盒。分 18 孔和 24 孔,市场有售。

(2)小碟或小碗若干。用于不同浓淡的墨汁和不同颜色的调和。

(3)"马利牌"水彩颜料。用于色彩渲染。有 12 色或 18 色,市场有售。

(4)"一得阁"墨汁。用于水墨渲染。瓶装,市场有售。

3.裱纸用具

(1)水彩纸。应选择质地较韧,纸面纹理较细又有一定吸水性能的图纸。

(2)棉质白毛巾。棉质毛巾吸水性好,较柔软,不易使纸面产生毛皱和擦痕,利于均匀渲染。不使用带有色彩和有印花的毛巾,是避免因毛巾退色而污染纸面。

(3)卫生浆糊或纸面胶带(市场有售)。用浆糊或胶带把浸湿好的水彩纸固定在图板上。

4.裱纸技巧及方法

为了使所渲染的图纸平整挺阔,方便作画过程,避免因用水过多和技法不熟而引起纸皱,渲染前应细心裱纸,以利作画。常见的裱纸方法有两种:干裱法和湿裱法。

(1)干裱法。比较简单,适用于篇幅较小的画面,具体步骤为:① 将纸的四边各向内折 1~2 cm 。② 图纸正面刷满清水,反面保持干燥,平铺于图板上。③ 在图纸内折的 1~2 cm 的反面均匀涂上浆糊或胶水,固定在图板上。④ 把图板平放于通风阴凉干燥的地方,毛巾绞干水后铺在图纸中央,待图纸涂抹浆糊的四个折边完全干透后,再取下毛巾即可(图 7.30)。

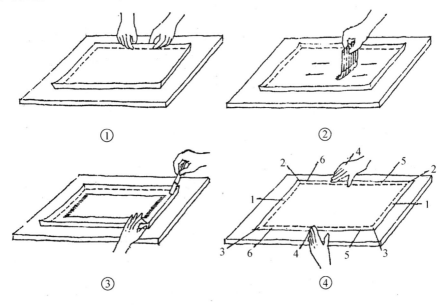

图 7.30 干裱法步骤

(2)湿裱法。湿裱法较干裱法费时多,对画面篇幅的限制小。具体步骤为:① 将纸的正反两面都浸湿,如纸张允许,可在水中浸泡 1~3 min。② 把浸湿过的图纸平铺在板上,并用干毛巾蘸去纸面多余的水分。③ 用绞干的湿毛巾卷成卷,轻轻在湿纸表面上滚动,挤压出纸与图板之间的气泡,同时吸去多余水分。④ 待纸张完全平整后,用洁净的干布或干纸吸去图纸反面四周纸边 1~2 cm 内的水分,将备好的胶水或浆糊涂上,贴在图板上。⑤ 为防止画纸在干燥收缩过程中沿边绷断,可进一步用备好的 2~3 cm 宽的纸面水胶带(市场有售)贴在纸张各边的 1~2 cm 处,放在阴凉干燥处待干(图 7.31)。

湿裱法避免了干裱法因纸张正反两面干湿反差大的弊病。由于图纸正反面同步收缩,纸张与图板紧密吻合,上色渲染时只要不大量用水,自始至终可保持平整,利于作画。

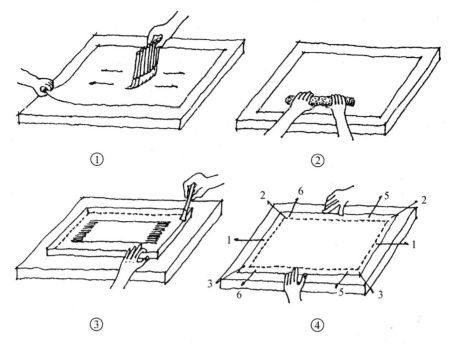

①　　　　②

③　　　　④

图 7.31　湿裱法步骤

三、渲染技法介绍

1.渲染方法

常见的渲染方法有三种,即平涂法、退晕法和叠加法(图 7.32)。

(1)平涂法:常用于表现受光均匀的平面。一般适合单一色调和明暗的均匀渲染。

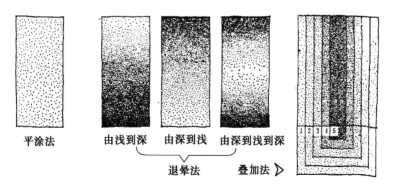

平涂法　　　由浅到深　由深到浅　由深到浅到深

退晕法　叠加法▷

图 7.32　渲染方法效果示意

(2)退晕法:用于受光强度不均匀的平面或曲面。具体地,可以由浅到深或者由深到浅地进行均匀过渡和变化。例如,天空、地面、水面的不同远近的明暗变化以及屋顶、墙面的光影变化及色彩变化等(图 7.33)。

(3)叠加法。用于表现细致、工整刻画的曲面,如圆柱、圆台等。可事先把画

图 7.33　色彩渲染

面分成若干等份,按照明暗和光影的变化规律,用同一浓淡的墨水平涂,分格叠加,逐层渲染。

2.渲染的运笔方法

渲染运笔法大致有三种:水平运笔法、垂直运笔法和环形运笔法(图 7.34)。

① 水平运笔法　　　② 垂直运笔法　　　③ 环形运笔法

图 7.34　渲染运笔法示意

(1)水平运笔法:用大号笔做水平移动,适宜于作大面积部位的渲染。如天空、大块墙面或玻璃幕墙及用来衬托主体的大面积空间背景等。

(2)垂直运笔法:宜作小面积渲染,特别是垂直长条状部位。渲染时应特别注意:① 上下运笔一次的距离不能过长,以免造成上墨不均匀;② 同一横排中每次运笔的长短应大致相等,防止局部过长距离的运笔造成墨水急剧下淌而污染整个画面。

(3)环形运笔法:常用于退晕渲染。环形运笔时笔触的移动既起到渲染作用,又发挥其搅拌作用,使前后两次不同浓淡的墨汁能不断均匀调和,从而达到画面柔和渐变的效果。

3.运用渲染技巧的注意事项

在水墨渲染和水彩渲染的过程中,理解并熟练掌握渲染方法与技巧,会使渲染工作更加顺利。一般情况下应注意以下方面:① 略微抬高图板;② 退晕时墨水要渐次加深;③ 开始先用适量清水润湿顶边,避免纸张骤然吸墨;④ 毛笔蘸墨水量要适中;⑤ 渲染时应以毛笔带水移动,笔毛不应触及纸面;⑥ 渲染至图纸底部时应甩干笔中水,用笔头轻轻吸去上层水分,避免触及底墨(图 7.35)。

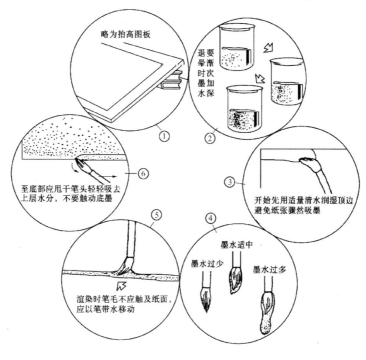

图 7.35　渲染的注意事项

4.光线的构成及其表达法

通常情况下,建筑画的光线方向确定为上斜向 45°,而反光定为下斜向 45°。它们在画面上(即平面、立面)的光线表示见图 7.36。

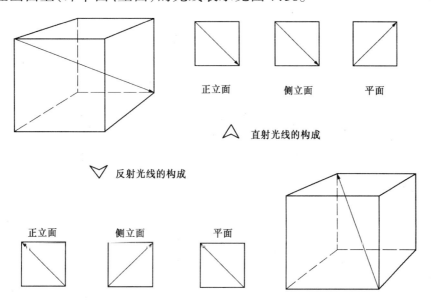

图 7.36　光线的构成表示法

5.圆柱体的光影变化分析和渲染要领解析

物体受直射光线照射后,分别产生受光面、阴面、高光、明暗交界线以及反光和阴影,其各部分的明暗变化应遵循明暗透视和色彩透视的基本原理。现结合水墨渲染作业,对圆柱体的光影变化进行分析(图7.37)。

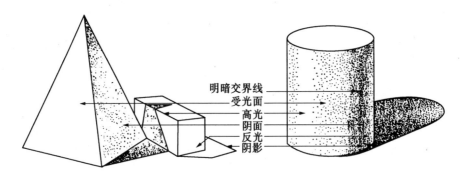

明暗交界线
受光面
高光
阴面
反光
阴影

图7.37 几何体光影变化分析

将圆柱体平面图的半圆等分,由45°直射光线照射后,对其每等分段的相对明度进行分析,具体情况为:

——高光部分,渲染时留白;

——最亮部分,渲染时着色1遍;

——次亮部分,渲染时着色2~3遍;

——中间色部分,渲染时着色4~5遍;

——明暗交界线部分,渲染时着色6遍;

——阴影及反光部分,渲染时阴影着色5遍,反光着色1~3遍。

相对而言,等分越细,各部分的相对明度差别就越小,更加细致入微,圆柱体的光影变化也就更加柔和。如果采用叠加法,可按图示(图7.38)序列在圆柱立面上分格逐层退晕。分格渲染时,可在分格边缘处用干净毛笔蘸清水轻洗,弱化分格处的明显痕迹,以获得较为光滑自然的过渡效果。

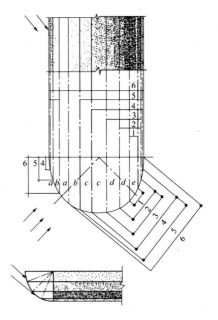

图7.38 圆柱体光影变化及渲染分析

四、西方古典柱式水墨渲染步骤分析

在渲染正式图之前,做"水墨渲染小样图"是很有必要的一个环节。按所给定的"小样作图法"示范样图,以相同比例绘制出"渲染小样图"铅笔稿后进行渲染。重点要强调渲染对象的整体关系,明确划分空间层次,运用透视原理确定各部分之间的协调制约关系,从而展现出空间有序、主体突出、层次清晰、明暗生动的西方古典柱式的和谐完美效果。

"水墨渲染正式图"是对"渲染小样图"的进一步完善和细化。具体步骤为：

1.精确绘制铅笔稿

按所给"小样作图法"示范样图,按比例放大,用 H 或 2 H 自动铅笔做出精致的正图铅笔稿。这一阶段应尽量不用或少用橡皮擦拭图面,以免擦毛或弄花纸面造成渲染不均。

2.区分主体与背景

区分主体的檐部、柱子、基座三大部分以及柱式受光面和背光面的相互协调制约关系,重点强调整体关系和划分空间层次。

(1)区分主体与背景。以大面积退晕方法来渲染背景部分,做到上深下浅。深浅程度以 6~7 成为宜,以便为进一步渲染实体及相互间比较和调整留有余地。

(2)区分檐部、柱子、基座三部分的明暗变化,注意高光部位要留白,次亮面不可一次渲染过深。

(3)画面底部字体部分的底色也应作为整体的一部分综合考虑。这部分色调的明暗也同主体各部分一样,渲染时要留出余地。

3.渲染主体

利用透视原理确定主体各部分之间的协调制约关系及明暗对比关系,重点区分主体的光影变化,突出受光面和背光面的协调对比。这时应强调整体关系,以粗略表现为宜,深浅程度为 5 ~ 6 成。还应注意空间层次的划分,特别是亮面和次亮面的明暗变化,应留有余地,不可一次渲染过深。

4.细部刻画

(1)利用透视理论进行分析,明确柱式受光面的亮面、次亮面和中间色调的材质表达。

(2)用湿画法对柱式进行细部处理。侧重檐部的圆线脚、柱础部分的圆线脚等曲面体,以及柱式主体——圆柱体,明确高光、反光和明暗交界线的位置以及各部分的明暗对比关系,特别要明确相邻形体的明暗交界线的连续性和制约性。

(3)以湿画法来刻画阴影部分。明确区分暗面和阴影,特别要注意反光的影响,并且要擦留出反高光。

5.画面整理

对经过深入刻画后的画面整体要进行最后的明暗深浅的统一协调。

(1) 主体柱式和背景的协调统一。必要时可以加深背景以增加空间的层次感。

(2) 各个阴影面的协调统一。位于受光面强烈处而又位置靠前的明暗对比要加强,反之则要减弱。例如,圆柱体较之檐部,其受光面的明暗对比要强烈些。

(3) 受光面的协调统一。画面的重点部位要相对亮些,反之则暗些。

(4) 为了突出画面重点,可采用比较夸张的明暗对比、可能出现的反影、弱化画面其他部分等方法进行"画龙点睛"最后阶段的渲染。

（5）若有可能宜采用树木、山石、邻近建筑等衬景，达到衬托主体建筑的目的。

五、建筑局部立面水彩渲染步骤分析

水彩渲染一般采用透明度较高的水彩画颜料。已经用过且形成颗粒状的干结颜料是不能继续使用的，故而一次使用时不可挤出过多，以免造成浪费。但在渲染时应调配足够的颜料。

另外，对颜料的沉淀、透明、调配和擦洗等特性也应有所了解。

沉淀：赭石、群青、土红、土黄等均属透明度低的沉淀色。渲染时可利用其沉淀特性来表现较粗糙的材料表面。

透明：柠檬黄、普蓝、西洋红等颜料透明度高，在逐层叠加渲染着色时，应先着透明色，后着不透明色；先着无沉淀色，后着有沉淀色；先浅色，后深色；先暖色，后冷色，以避免画面灰暗呆滞，或后加的色彩冲掉原来的底色。

调配：颜料的不同调配方式可以达到不同的效果。例如，红、黄二色先后叠加上色和二者混合后上色的效果就不同。一般地，调和色叠加上色，色彩易鲜艳；对比色叠加上色，色彩易灰暗。

擦洗：水彩颜料可被清水擦洗，这对画面的修改很有必要；还能利用擦洗达到特殊效果，例如，洗出云彩，洗出倒影。一般用毛笔蘸清水轻巧擦洗即可。

同水墨渲染一样，水彩渲染一般也应做出小样图。其方法为：按所给定的"小样作图法"示范样图，以相同比例绘制出"渲染小样图"铅笔稿后进行渲染。目的在于确定：画面的总体色调；各个组成部分的明暗和冷暖关系；建筑主体和衬景的协调关系。重点强调渲染对象的整体色彩关系、空间层次关系以及各部分之间的明暗协调关系，勾画一幅空间错落有致、主体色彩鲜明、明暗清晰生动的建筑立面形象。

1.精心绘制铅笔稿

按所给"小样作图法"示范样图，按比例放大，以 H 或 2H 自动铅笔用尺规准确清晰地做出精致的正图铅笔稿。这时应尽量不用或少用橡皮擦拭图面，以免擦毛或弄花纸面造成渲染不均。

2.确定基调和底色

为确定画面的总色调和协调各主要部分，一般用柠檬黄或中铬黄作为底色淡淡地平涂整个画面。根据各部分固有色和环境色的影响，确定建筑主体（例如，天空、地面、屋顶、墙面、玻璃、台阶等）各部分的不同色调和明度，分析其明暗对比的差别，利用复色退晕法对各部分进行粗略的明暗和冷暖划分。

3.建筑主体重点渲染

建筑主体的刻画既要考虑固有色，又要兼顾环境色影响，这样才能得到层次鲜明的空间效果及丰富生动的建筑主体。需要特别强调的是：

（1）天空——普蓝稍加西洋红，由上至下略变浅，复色退晕法渲染。

（2）地面——选沉淀色土黄、土红、赭石分别略加深红和深绿，由左至右或由右至左，利用沉淀色的特性所造成的均匀沉淀的特殊效果来表达地面粗糙不平的材质变化。

（3）墙面——选用赭石、土红、土黄、深红等颜色,利用其沉淀性能来表现红砖墙面凹凸毛糙反光差的空间效果。主体入口左右侧部位,由上至下既有明暗深浅的对比,又有上下冷暖变化。

（4）玻璃——渲染时采用普蓝略加群青和深红,主要位于门窗上,虽然面积较小,但若采用平涂法,会造成沉闷平庸之感。渲染时由上至下或由下至上逐渐加深,为形成丰富的空间效果作"铺路石"。

（5）屋顶——可选用深红加普蓝和深蓝。由上至下,由冷及暖,利用铁皮屋面漆红,较之墙面而言,材质表现较光滑,这时应充分考虑固有色、环境色及强光共同作用效果。

（6）台阶——属混凝土抹灰表面,色浅较明亮,采用淡淡的深蓝略加深红或铬黄,以表达素混凝土表面细滑、光亮的质感。

4.主体阴影的渲染

渲染时宜追求整体性和退晕的变化均匀以及色调的和谐统一。阴影部分的色相和明度的对比和变化会形成强烈生动的空间效果。例如,上浅下深的檐下阴影意味着天空对墙面的反光效果;右侧红砖墙面的阴影左浅右深表达着垂直于画面的墙面形成的反光效果。

5.细致刻画寻求统一

深入细微的细部刻画,对进一步表达空间层次、材料质感、光影变化、整体体积均能起到重要作用。例如,选择墙面少量砖块作真实生动的材质和色彩变化,更丰富了材料特点。门、窗榄的线脚形成的阴影和反影的对比变化,从细微处更强调立面入口这一重点部位。选择小块色彩及掌握色度方面,应力求变化有序,和谐有理。

6.配景与主体环境的融合

配景即"配角",其作用是融入以建筑为主体的整体环境中,切忌喧宾夺主。配景的形状态势、尺度比例及冷暖色调的选配宜简洁大方。渲染时尽可能一气呵成,既不要层层叠叠,笔触过碎,又不能反反复复,涂抹擦洗。

六、渲染技法病例分析

1.水墨渲染常见病例

（1）纸面有油渍和汗斑;

（2）纸未裱好,造成渲染时角端凸凹不平,墨迹形成拉扯方向的深色条;

（3）橡皮擦毛纸面,墨色洇开变深;

（4）涂出边界,画面不整齐;

（5）画面未干,滴入水滴;

（6）退晕时加墨太多,变化不均匀;

（7）图板倾斜严重,墨水下行过快,或用笔过重,产生不均匀笔触;

（8）水分太少或运笔重复涂抹,画面干湿无常,缺乏润泽感;

（9）滤墨不净或纸面积灰形成斑点；

（10）水量太多造成水洼，干后有墨迹；

（11）底色较深，叠加时笔毛触动底色，造成退晕混浊；

（12）渲染至底部，因吸水不尽造成返水或笔尖触动底色留下白印（图7.39）。

2.水彩渲染常见病例

（1）间色或复色渲染调色不匀造成花斑；

（2）使用易沉淀颜色时，由于运笔速度不匀或颜料和水不匀而造成沉淀不匀；

（3）颜料搅拌多次造成发污；

（4）覆盖一层浅色或清水洗掉了较深的底色；

（5）外力擦伤纸面后出现毛斑；

（6）使用干结后的颜料，造成颗粒状麻点；

（7）退晕过程中变化不匀造成"突变台阶"；

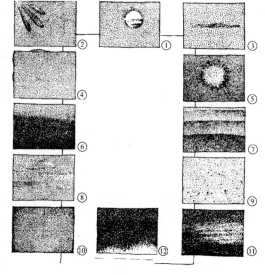

图7.39 水墨渲染常见病例示意图

（8）渲染至底部积水造成"返水"；

（9）纸面有油污；

（10）画面未干时滴入水点；

（11）工作不细致，涂出边界（图7.40）。

七、渲染技法的应用

渲染技法是建筑景观或室内空间环境表达的常用技法之一。在建筑创作实践中，既可用于建筑外环境景观的整体表现上，又可用在室内空间设计的多层次表达中，还常用在建筑平面、立面或剖面的淡彩表现上。无论是重彩表现还是淡彩表达，无论是单纯渲染技法还是综合技法表现（如钢笔淡彩、彩粉混合、重彩表达等），渲染时明暗、色调、质感、光感的有序变化，不仅增加了表现对象的空间及画面

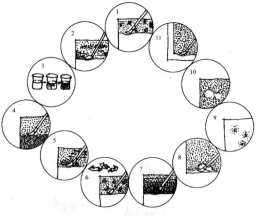

图7.40 水彩渲染常见病例

层次的整体效果，同时也带来了表现技法的多样变化。

具体渲染技法的应用见图7.41~7.47。

图 7.41 室外环境渲染（局部）

图 7.42 步行街钢笔淡彩表现

图 7.43　古建筑室内空间重彩渲染

图 7.44　室内空间单一色调渲染

图7.45 室内人居空间淡彩渲染

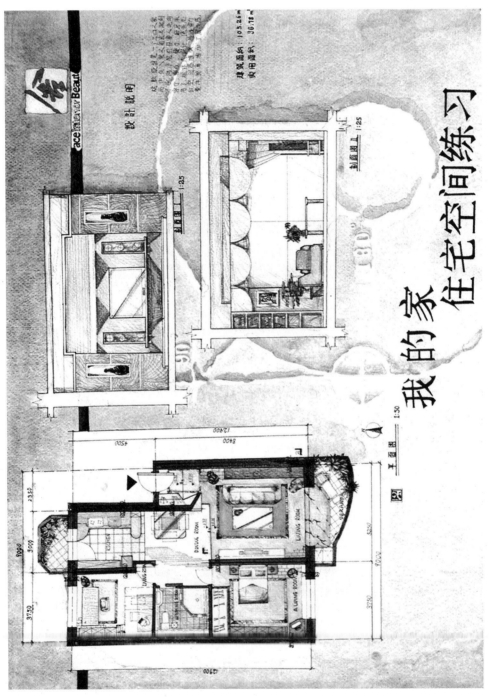

图 7.46　住宅室内空间渲染

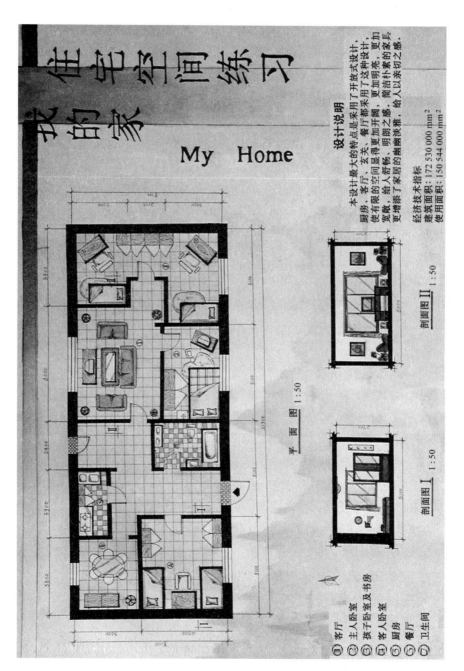

图 7.47　住宅室内空间渲染

第四节　建筑设计草图

一、概　述

1.概念

建筑设计草图是指在建筑设计过程中,设计者徒手所绘制的有助于设计思维的研究性的图,主要包括准备阶段草图、构思阶段草图和完善阶段草图。我们这里谈的主要是构思阶段的草图。

草图是建筑设计构思过程的开始,在建筑设计整个推敲构思的过程中,通过草图将头脑中模糊的、不确定的意象逐渐明朗化,将构思灵感以及对设计的想法及时记录下来。正是对草图的不断地探索、比较和思考中,建筑方案才得以渐渐成形。可以说,草图决定了建筑设计方案的基本格局,它是建筑设计构思阶段中最重要和最关键的手段。

2.工具

绘图工具主要有笔和纸。可以用于绘草图的笔有很多种:普通铅笔、钢笔、炭笔、针管笔、毛笔、马克笔、毡头笔、彩铅、塑料笔、圆珠笔等,各种笔有自己的特点和书写习性。通常用于绘草图的纸有草图纸、硫酸纸、卡纸、水彩纸、绘图纸等。

画草图,每个人都有自己的喜好,有自己习惯和擅长的工具。比如有人喜用钢笔、善于素描;有人则爱用彩绘,将几种工具混合使用,对钢笔淡彩、炭笔粉彩等情有独钟。但不管何种画法,都要尽力发挥工具本身的特长,以快捷和表现力强为选择的根本前提。

对于我们初学者来说,通常选用铅笔来画草图,这是因为铅笔有可擦可抹的优点,便于随时修改。同时,铅笔质地疏松润滑,由于运笔时力度和方向的变化,笔触可粗可细、可轻可重,既能表现粗犷的效果,又能进行细腻的刻画。同时,由于铅笔可画出不同色阶的黑白灰调子,因此,能够产生丰富多变的层次。一般画铅笔草图多用软质铅黑来表达,可根据习惯选用 2B～6B 铅笔,也可几种软质铅笔搭配使用,但不能使用低于 1B 的铅芯。

画铅笔草图的纸最常用的是草图纸,也叫拷贝纸,质地薄而柔,具有半透明性。由于构思阶段需要不断推敲和反复修改,采用草图纸绘图,可以将一张草图纸蒙在另一张草图上,描出肯定部分,绘出修改部分,这样反复描绘,使设计不断走向深化。其他铅笔草图常用纸张还有硫酸纸和绘图纸等。硫酸纸也具有半透明性,可以覆盖描改,但相对拷贝纸而言,纸厚而面滑,对铅黑的附着力弱,更适宜同钢笔、彩铅、马克笔等配合使用。

具有保留和收藏价值的铅笔草图,可以喷上定画液,以便于长时间保存。

3.作用

草图作为图示表达的一种方式,在建筑设计构思阶段起着重要的作用。建筑设计草图虽然看起来随意性很强,好似顺手拈来,其实它是建筑师瞬间思维状态的真实反映,它在记录和表现建筑形象的同时,也记录和表现了建筑师的思维进程。建筑设计草图以其快捷、准确、生动和概括的特点,将建筑师头脑中灵感的火花再现于图纸上。同时,大脑在草图的反复权衡和比较中,不断激发我们的灵感,模糊—清晰—再模糊—再清晰,设计正是在草图的不断比较、不断取舍、不断探求中逐步走向深化,并渐臻完善的。

此外,草图还是进行交流的重要手段。构思的过程不仅仅是设计者进行自我脑、眼、手快速交流的过程,同时,还需要同设计伙伴、业主以及公众等进行沟通和讨论,而草图以其快速、便捷的图示表达,成为交流的有力工具。

二、草图表达的基本特性

建筑设计草图的表达是建筑师设计思维的快捷、真实的反映,作为建筑师思考的工具,在徒手勾画时应该充分发挥它的特性,以最大限度地发挥它表达创作思维、促进创作思维的作用。设计草图的表达特性主要包括三个方面:不确定性、概括性和真实性。

1.不确定性

不确定性是设计草图的基本特性,这种模糊的、开放的特性有助于帮助我们思考。特别是初始性的概念草图,它反映的是建筑师对设计发展方向做出的多方面、多层次的探索,此时草图表达的意象是模糊的、朦胧的和不完整的,体现的是创作思维的开放性和多种可能性。这时的草图表达应粗犷而不具体,追求整体构思的把握,对次要问题或细节问题加以忽略,并为进一步分析问题、解决问题提供思考空间。我们常常用很多含混交错的线条,浓重的重复线来表达对某一问题的怀疑和肯定,当思路慢慢清晰,草图的不确定也逐步向确定转化(图 7.48、7.49)。

图 7.48　爱因斯坦天文台　门德尔松

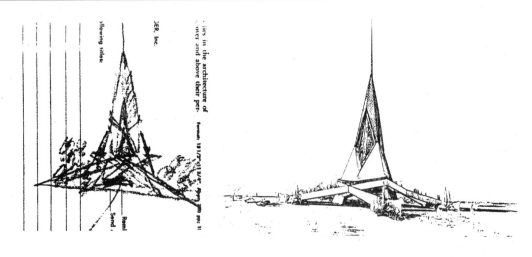

图 7.49 诺曼小教堂 赖特

2.概括性

设计草图是建筑设计的图示化思考,在繁杂的设计过程中,脑中的意念与形象瞬间万变,如果都将之表现出来,既不可能也不必要,所以,必须学会善加取舍,分清主次,抓住关键。此外,由于草图是以二维图像来表达复杂的三维形体,也需要我们具有概括能力,删繁就简,用简练的线条表达万千变化的三维世界。只有我们逐步提高概括能力,才能充分发挥设计草图的快捷特点,将构思中的灵感火花迅速捕捉并记录下来,才能以寥寥几笔勾画,就将设计的神韵囊括其中,达到准确传神的效果(图 7.50)。

图 7.50 MIT 贝克大楼 阿尔瓦·阿尔托

3.真实性

建筑设计草图不同于纯艺术的想像和再现,它要求真实地反映设计中的建筑实体和空间,容不得虚假的东西掺杂在其中,设计者所追求的应该是预想中的真实,一切不以真实作为基础绘制的草图都是徒劳和自欺欺人的。草图的真实不仅包括对建筑的尺度与比例、光影关系、材质刻画、透视变形等加以准确地把握,同时还要求在建筑环境的处理上掌握好正确尺度,配景的选择要与设计相适应,不能为了追求画面的效果加以任意修饰。很多建筑大师的设计草稿与建成实景相对照,二者的一致性是令人敬佩和叹服的(图 7.51)。

图 7.51　流水别墅　赖特

三、草图构成要素及应用

建筑设计草图的构成要素主要包括:点、线、面、色彩、文字及符号。这些构成要素是建筑设计草图的组成部分,我们正是通过将它们合理地组合和运用,将头脑中的建筑形象、设计思考表达出来。

1.点

点在草图中既可以表达具体意义,也可以起到辅助绘图的作用。一般表达具体意义时,点可以代表实体,如柱子、石碑、云彩、草、人、树干等;点也可以代表材质,如混凝土面墙的质感、石柱的质感等;点还可以代表光影,依靠点的疏密来表达影子色调的黑、白、灰等细微变化(图 7.52)。起辅助绘图作用的点,还可以表示事物的空间定位,如圆心、透视图的灭点以及其他空间定位点;也可以作为指示或强调的符号起作用。在画点的时候应注意,它所代表的物体应有一定尺度,如果尺度很小,使用点的意义就不大了。

2.线

线在草图中的应用最为广泛。画草图时的用线也可以分为表达实际意义

的线和辅助绘图的线。通常我们用线
来表示物体的轮廓,这时用线应力求
简练,寥寥几根线所描绘的形象就会
跃然纸上。同时线也是修改设计的有
力手段。我们常常可以看到别人画好
的草图上许多地方用线描了很多遍,
一方面可能表示对某一部分的强调或
肯定,另一方面也体现了设计者的修
改历程。确定部分被反复地描绘,以
至于越描越粗;不确定的地方用细线
轻轻勾勒,显示出飘忽不定的特征(图
7.53)。无论线的粗与细、浓与淡,都
表现出设计者的思考过程和思维重

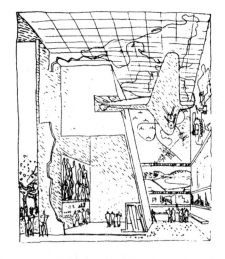

图 7.52 伏克塞涅斯卡教堂平面 阿瓦尔·阿尔托

点,或犹豫徘徊,或坚决肯定。辅助绘图的线可以用来表示参考性的坐标、等高
线或光影效果等(图 7.54)。

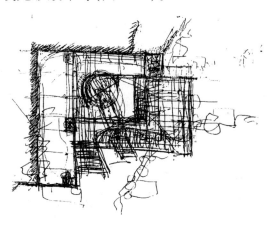

图 7.53 设计草图中线的用法 阿瓦尔·阿尔托绘   图 7.54 冈本集合住宅 安藤忠雄

3.面

面在草图中表现为具有轮廓线的区域。面在代表实体时,我们常常用笔将
之填充,以强调其封闭性和厚重感。在画设计草图时,有时为了快捷,我们也常
常用单一的面形式表示光影区或者作为简洁的背景来画(图 7.55)。面的填充
方式多种多样,点、线的各种形式都常会根据需要填充面。这时的面会表现出
不同的质感、厚度和光影感,如 Ted Musho 绘制的由贝聿铭主持设计的达拉斯市
政厅概念草图(图 7.56)。需要注意的是,面与面之间的对比与区分也常借助于
面之间的灰度对比和不同填充形式来实现,最简单的方法就是用单纯的轮廓线
表示受光面,而涂黑的面表示背光面,以强调立体感。

图 7.55 悉尼歌剧院 伍重

图 7.56 达拉斯市政厅 Ted Musho 绘　　图 7.57 加州好莱坞游乐场与俱乐部 赖特

4.色彩

　　色彩在设计草图的描绘中也常被用到。一般我们画初始性草图时用黑白素描色即可。随着设计的深入,为了寻找和探索建筑整体的色彩配置,往往使用彩铅、马克笔、粉笔等绘出建筑的固有色和环境背景色,这样能够比较深入地表现建筑的材质特性与纹理(图 7.57)。有时我们也会用色彩区分不同的部位,比如,我们经常会在建筑总平面以及规划平面图中用绿色表示绿地,蓝色表示水面等。色彩的使用还会加深草图的表达效果,我们在快速设计时用彩铅或马克笔描绘的草图,其或浓烈或淡雅的色彩气氛会给人留下深刻的印象。

5.符号与文字

　　符号与文字作为辅助说明的手段,在设计草图中起着不可替代的作用。符号具有分析识别、指明关系、强调重点等多种作用。比如,在概念性草图中常常用大小不同的圆圈代表不同的建筑空间,而用带线条的箭头表明不同部分的关系,用指南针符号、剖切符号、标高符号等表示特定意义(图 7.58)。为了利于交流,有一些常用的、约定俗成的符号初学者应该予以掌握,比如,入口标识等带有特定意义的符号,在平面图中的各种分析符号等(图 7.59)。简练的文字可以表达出许多图示所难以表达的意思,比如,设计一些基本情况的介绍,空间功能和形式逻辑的说明,形式含义与建筑意境的标示,以及尺寸、比例的标注,等等。

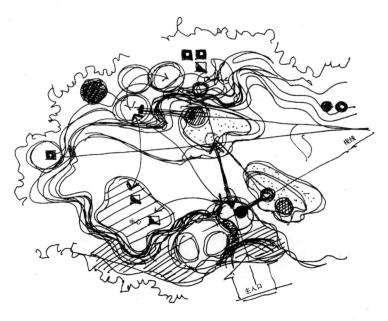

图 7.58　场地研究　保罗·拉索

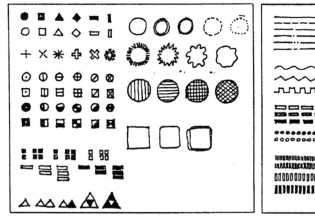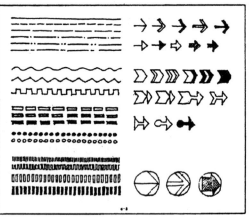

图 7.59　符号

四、绘制程序

建筑设计草图按设计的过程可以分为准备阶段草图、构思阶段草图和完善阶段草图。这里主要介绍的是构思阶段的草图绘制程序。构思阶段的草图可分为概念草图和构思草图。

1.概念草图

概念草图是指在建筑设计的立意构思前期,建筑师经过认真对设计对象要求、场地环境、功能、技术要求以及业主的需要等的理解和准备,在创作意念的驱动下,建筑师画出的建筑立意构思草图。概念草图反映的是建筑整体性思考,这一阶段的草图最主要的特点是开放性。设计伊始,我们的立意思维不可过多地受到限制,更强调的是开启创造的心智,探索各种不同的可能性。这时候脑中的思维会异常活跃,灵感的火花不断闪现。为了捕捉这种灵感,需要我们脑、眼、手分工协作,快速地将思维的点滴变化与朦胧的意象表达出来。这时笔下的线条应奔放不羁,适宜的工具应为软质粗铅笔或炭笔,这样可以使我们不拘泥于细节的刻画(图7.60)。概念草图所记载的意念形象是一种鲜明生动的感性形象,粗犷而不具体,不涉及到细微末节,强调的是轮廓性概念,如贝聿铭手绘的美国国家美术馆东馆概念草图(图7.61)。因此,绘草图的时候可以随

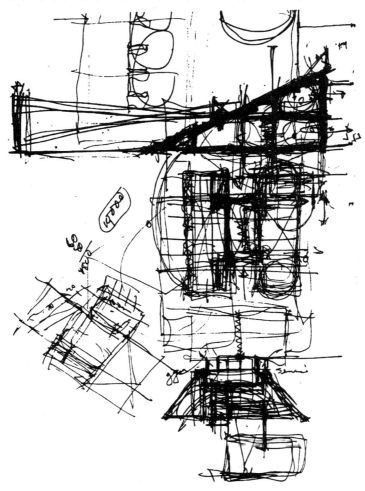

图7.60 构思草图 载维·斯蒂格利兹

意、简洁,不必追求精确的表达和过分关注图面的效果。而应该当意念一出现立即绘制,因为刚出现的意象极不稳定,转念即逝。只有抓住时机,才能及时记录下来。同时,我们要把握最关键的问题,目标集中于建筑的整体意向,只关注于对核心问题的探索和思考。

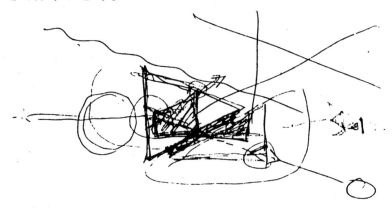

图 7.61   美国国家美术馆东馆   贝聿铭

2.构思草图

随着概念草图的完成,设计的基本思路已经大体确定下来。这时候,大局虽定,但对问题的思考仍是粗线条的,具体问题还要继续推敲、解决。在这个过程中,每一个问题都有多种解答,每一次突破都存在着偶然性和随机性。整个草图的绘制过程表现为以主观判断为标准的择优模式,以此推动设计向前发展。当我们提出问题,进行设计思考,并形成新的草图时,就应该及时地进行判断和取舍。这既包括对问题的整体性判断和取舍,也包括对局部设计草图的判断。开始时,设计者是处于模糊状态,草图表现为线条含糊不定、朦胧混沌。但随着思考深入发展,草图逐渐随着思维从混沌走向清晰,从无序中寻找到方向。这个过程也是我们将半透明纸一遍一遍地蒙在先前草图上进行摹改的过程,有时也可以另用一张草图画出新的想法。通过反复构思、多角度比较,弃废择优,方案也逐步由混乱走向有序,由片面走向完整,如建筑师陈世民所绘草图(图 7.62)。在画构思草图时,头脑时刻保持明确的目标性是很重要的,这个目标就是产生一个满足设计要求,并可持续发展优中选优的设计方案。用最终设计所要达到的目标去判断。在设计时要注重设计空间的内外结构与建筑各部位的相关表达,并留有推敲余地,用笔可粗细相间,不必细致加工,更不要追求画面完整。同时,应把每一个局部问题都要放在整体框架中去思考,保证方案的整体性。这样可以使每个设计环节具有正确的方向,从而使草图的绘制过程快捷高效而少走弯路。

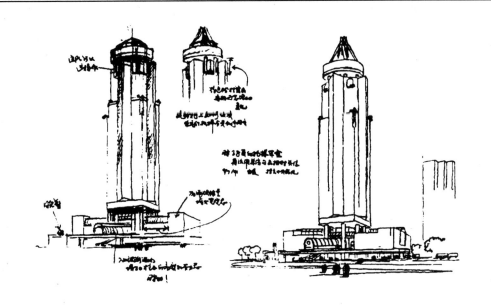

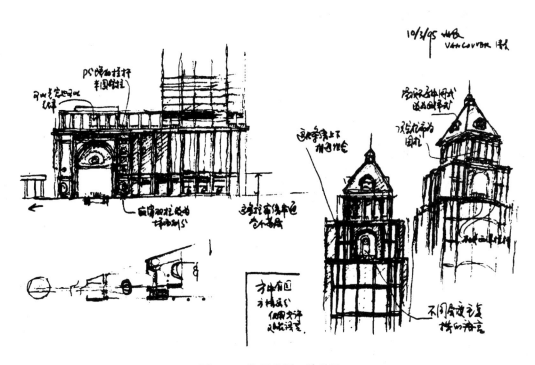

图 7.62 构思草图 陈世民

五、铅笔草图基本技法

1.笔触和画法

利用铅笔笔尖的不同斜度与力度的变化,可以得到浓淡、粗细、虚实、密疏等不同的效果。比如,可以垂直用笔画细线,倾斜用笔画粗线;用力则实,轻画则虚,用笔轻重变化可得退晕效果;铅笔接近于平行描绘,可以获得均匀的大块灰色画面(图 7.63)。

徒手铅笔草图的画法大致可以分为三种:白描法、素描法和叠加法。白描法亦可称为线描法,主要以线的组合表现设计意图,有时略加阴影。概念性的草图由于反复推敲,大多表现为粗犷的轮廓线和各种重复性的乱线。构思草图则趋于流畅利落,线条逐步由含糊不定走向清晰肯定。这种画法容易获得明快简朴的效果(图 7.64);素描法也称铅笔渲染法,富于光影效果。这种画法更注重对黑、白、灰素描层次的表达,画面黑白对比强烈,空间感强,色感丰富(图 7.65);叠加法是白描与素描两种技法的叠加与综合,比如,使用线条勾形而用渲染技法表现明暗色调,或者用白描表现前景和远景,而用渲染表现主体建筑等(图 7.66)。

图 7.63　法国里昂法兰克福广场方案　矶崎新

图 7.64　萨尔兹堡通讯中心　帕席尔

图 7.65　构思草图　黄为隽

图 7.66　构思草图　陈世民

2.比例尺和透视规律

在勾勒草图的时候,要在头脑中树立正确的比例观念,并准确反映到草图上。这种比例是相对的比例关系,用来控制建筑的高宽比和总体布局尺度关系。通常我们以正方体作为衡量各部位间比例关系的依据,有时也用有限定尺寸的门、床等作为衡量依据,以此来确定相对应的尺寸关系。在勾画构思阶段的草图时,应由粗到细逐步展开。开始的时候比例不宜太大,过大的比例容易使图面大而空,错误诱导我们过早陷入对细部设计的纠缠之中。在方案基本确定,进行细部推敲时,应及时放大比例,使细部的设计更准确和清晰。只有正确把握比例关系,才能使所绘制的草图不失真,不走样,为下一步绘制正式图打下坚实的基础。

由于草图需要将三维空间形态转换到二维画面上来,因此,在真实的视点、角度下,只有符合人眼透视规律的草图才具有真实性。这要求我们不但要掌握视点、视平线、灭点等一些透视的基本知识,还要进一步掌握透视衰减与视角对应等规律。我们常用正方体和对角线来检验透视的相对比例关系和透视衰减趋势,有时复杂的布局也可以用方格网来控制校正(图 7.67)。

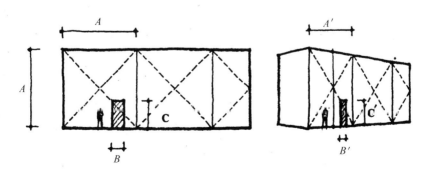

图 7.67　用方格网控制校正复杂的布局

3.光影和配景

　　建筑在不同光源条件下,会呈现截然不同的视觉效果。画草图时需要绘制建筑的阴影部分,用强烈的黑白对比来凸现建筑的立体感和空间感。对光影的刻画同样需要有所概括和选择,比如,建筑的入口等重点部位的投影需要做着重描绘,笔触应该坚实有力(图 7.68)。次要部位的投影则应减弱,一方面可以加强同关键部位的对比,另一方面可避免遮掩相关建筑形体的表达。光线的角度和受光面的选择也要符合真实的原则,应注意建筑的实际朝向,通常光线来自建筑的左侧或右侧,一般不用正对光。同时光影的描绘可以有明暗上的退晕,比如,由反光以及透视的原因所产生的退晕都能在光影上表现出来(图 7.69)。

图 7.68　奥迪斯考独家住宅　莫里奥·波塔

　　配景的配置要为建筑的环境创造真实性和生动感。有关外环境的配景要忠实地反映真实的环境,不能随心所欲地添加和删减。构思阶段的草图配景可以较概括地表现,比如,树木的描绘可以用概念化的方法进行简化,寥寥数笔表达出枝干和树形即可,以强调环境的气氛为主,并注意与主体建筑间的正确的比例关系。人物和车的点缀则应与建筑的性质和性格相适应,不要强调形态等细节,应着重表现整体感和动态特征,充分发挥尺度参照物、烘托气氛和完善构图的作用。

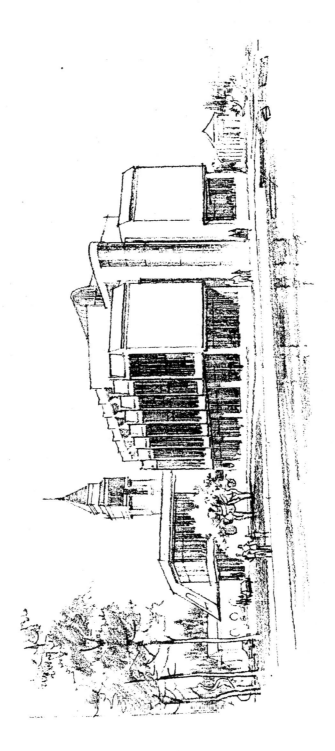

图 7.69 江苏吴江同里渡假村主楼 钟训正

第五节　建筑模型制作

对于初学者来说,完全靠二维平面设计来把握好设计思维活动,对空间形体的理解往往有很大困难。建筑模型有助于建筑设计的推敲,可以直观地体现设计意图,建筑模型具有的三维直观的视觉特点,弥补了图纸表现上二维画面的局限。建筑模型是我们的良师益友,通过建筑模型的制作,我们可以将抽象思维获得具体形象化的表现,并可以训练和培养我们的三维空间想像力和动手能力。建筑师利用模型作为设计手段,不仅仅是用于表现创作成果以便于同业主和决策者进行交流,更重要的是用在方案构思和深化设计的过程之中。

模型通常按照设计的过程可以分为初步模型和表现模型。前者用于推敲方案,研究方案与基地环境的关系以及建筑体量、体型、空间、结构和布局的相互关系,以及进行细节推敲等。后者则为方案完成后所使用的模型,多用于同业主进行交流和对众展示,它在材质和细部刻画上要求准确表达。我们这里主要谈的是初步模型的制作和表达。

初步模型既可以按照设计者做出的构思草图为基础制作并发展,有时也可能即兴创作,再根据模型做出草图。初步模型制作简单,多用于构思和研究方案用,可随时修改,不作公开展示。

一、模型与材料

模型制作可以选用的材料多种多样,我们可以根据设计要求,按照不同材料的表现和制作特性加以选用。制作模型的材料多达上百种,但常用的不过有五六种,包括纸张、泡沫、塑料板、有机玻璃、石膏、橡皮泥等。

1.纸张

制作模型常用的纸张有卡纸和彩色水彩纸。卡纸是一种极易加工的材料。卡纸的规格有多种,一般平面尺寸为 A2,厚度为 1.5～1.8 mm。我们除了对直接使用市场上各种质感和色彩的纸张外,还可以对卡纸的表面作喷绘处理。

彩色水彩纸颜色非常丰富,一般厚度为 0.5 mm,正反面多分为光面和毛面,可以表现不同的质感。在模型中常用来制作建筑的形体和外表面,如墙面、屋面、地面等。另外,市场上还有一种仿石材和各种墙面的半成品纸张,选用时应注意图案比例,以免弄巧成拙。

制作卡纸模型的工具有裁纸刀、铅笔、橡皮等,粘贴材料可选用乳白胶、双面胶。卡纸模型制作简单方便,表现力强,对工作环境要求较少。但易受潮变形,不宜长时间保存,粘接速度慢,线角处收口和接缝相对较难。

2.泡沫

卡纸是制作模型常用的面材,而块材最常用的要数泡沫材料了。泡沫材料在市场上也很容易买到,一般平面规格为 1 000 mm × 2 000 mm,厚度为 3 mm,5 mm,8 mm,100 mm,200 mm 不等。有时我们也可以将合适的包装泡沫拿来用。

用泡沫制作建筑的体块模型非常方便,厚度不够可以用乳白胶粘贴加厚。切割泡沫的工具有裁纸刀、钢锯、电热切割器等。泡沫材料模型的制作省时省力,质轻不易受热受潮,容易切割粘贴,易于制造人型模型,且价格低廉。缺点是切割时白沫满天飞,相对面材而言不易做得很细致。

3.有机玻璃

有机玻璃也叫做哑加力板,常见的有透明和不透明之分。有机玻璃的厚度常见的有 1~8 mm,其中最常用的为 1~3 mm 厚度的。有机玻璃除了板材还有管材和棒材,直径一般为 4~150 mm,适用于做一些特殊形状的体形(图 7.70)。

有机玻璃是表现玻璃及幕墙的最佳材料,但它的加工过程较其他材料难,所以,它常常只用于制作玻璃或水面材料。有机玻璃易于粘贴,强度较高,制作的模型很精美,但材料相对价格较高。

有机玻璃的加工工具可以选用勾刀、铲刀、切圆器、钳子、砂纸、钢锯以及电钻、砂轮机、台锯、车床、雕刻机等电动工具。粘接材料可以选用氯仿(三氯四烷)和丙酮等。

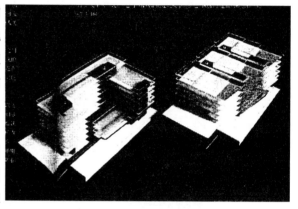

图 7.70　某建筑模型　约翰·麦卡斯兰

4.塑胶板

塑胶板亦称 PVC 板,白色不透明,厚薄程度从 0.1~4 mm 不等,常用的有 0.5 mm,1 mm,1 mm,2~1.5 mm 等。它的弯曲性比有机玻璃好,用一般裁纸刀即可切割,更容易加工,粘接性好。

在制作模型时一般可选用 1.0 mm 塑胶板作建筑的内骨架和外墙,然后用原子灰进行接缝处理,使其光滑、平整、没有痕迹。最后可以使用喷漆工具完成外墙的色彩和质感。

塑胶板加工工具可以选用裁纸刀、手术刀、锉刀、砂纸等,粘接材料用氯仿和丙酮。

5 石膏

石膏是制作雕塑时最为常用的材料。有时也在做大批同等规格的小型构筑物和特殊形体,如球体、壳体时使用。石膏为白色石膏粉,需要加水调和塑形。塑形模具以木模为主,分为内模和外模两种,所需工具为一般木工工具。若要改变石膏颜色,可以在加水时掺入所需颜料,但不易控制均匀。

6．油泥

油泥俗称橡皮泥，为油性泥状体。该材料具有可塑性强的特点，便于修改，可以很快将建筑形体塑造出来，并有多种颜色可供选择。但塑形后不易干燥。常用于制作山地地形、概念模型、草模、灌制石膏的模具等。

二、制作方法简介

1．卡纸模型制作

一般选用厚硬卡纸(1.2～1.8 mm厚)作为骨架材料，预留出外墙的厚度，然后用双面胶将玻璃的材料(可选用幻灯机胶片或透明文件夹等)粘贴在骨架的表面，最后将预先刻好的窗洞并做好色彩质感的外墙粘贴上去。

将卡纸裁出所需高度，在转折线上轻划一刀，就可以很方便折成多边形，因其较为柔软，可弯成任意曲面，用乳白胶粘接，非常牢固。在制作时应考虑材料的厚度，只在断面涂胶。同时应注意转角与接缝处平整、光洁，并注意保持纸板表面的清洁。

只选用卡纸材料做的模型最后呈一种单纯的白色或灰色。由于使用工具简单，制作方便，价格低廉，并能够使我们的注意力更多地集中到对设计方案的推敲上去，不为单纯的表现效果和烦琐的工艺制作浪费过多时间，因此尤其受到广大学生的青睐(图7.71)。

图7.71　某卡纸模型

2．泡沫模型制作

在方案构思阶段，为了快捷地展示建筑的体量、空间和布局，推敲建筑形体和群体关系，我们常常用泡沫制作切块模型。这是一种验证、调整和激发设计构思的直观有效的手段。单色的泡沫模型，不强调建筑的细节与色彩，更强调群体的空间关系和建筑形体的大比例关系，帮助我们从整体上把握设计构思的方向和脉络(图7.72)。

做泡沫模型的时候,首先要估算出模型体块的大致尺寸,用裁纸刀或单片钢锯在大张泡沫板上切割出稍大的体块。如果泡沫板的厚度不够,可以用乳白胶将泡沫板贴合,所贴合板的厚度应大于所需厚度。当断面粗糙时,可用砂纸打磨,以使表面光滑,并易于粘贴。

泡沫模型的尺寸如果不规则,尺寸不易徒手控制,可以预先用厚卡纸做模板并用大头针固定在泡沫上,然后切割制作。泡沫模型的底盘制作可以采用以简驭繁

图 7.72　某泡沫模型

的方法,用简洁的方式表示出道路、广场和绿化。

泡沫模型由于制作快捷,修改方便,重量又非常轻,因此常用于制作建筑的体块模型和城市规划模型,受到设计者的喜爱。

3. 坡地、山地的制作

比较平缓的坡地与山地可以用厚卡纸按地形高度加支撑,弯曲表面做出。坡度比较大的地形,可以采用层叠法和削割法来制作。

所谓层叠法就是将选用的材料层层相叠,叠加出有坡度的地形(图 7.73)。一般我们可根据模型的比例,选用与等高线高度相同厚度的材料,如厚吹塑板、厚卡纸、有机玻璃等材料,按图纸裁出每层等高线的平面形状,并层层叠加粘好,粘好后用砂纸打磨边角,使其光滑,也可喷漆加以修饰,但吹塑板喷漆时易融化。

图 7.73　某山地模型(层叠法)

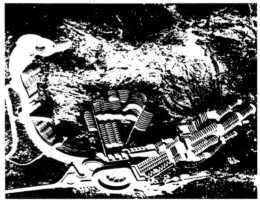

图 7.74　某山地模型(削割法)

削割法主要是使用泡沫材料,按图纸的地形取最高点,并向东南西北方向等高或等距定位,切削出所需要的坡度。大面积的坡地可用乳白胶将泡沫粘好拼接以后再切削(图 7.74)。泡沫材料容易切削,但在喷漆时易融化。

三、配景制作

建筑物总是依据环境的特定条件设计出来的,周围的一景一物都与之息息相关。环境既是我们设计构思建筑的依据之一,也是烘托建筑主体氛围的重要手段。因此,配景的制作在模型制作中也是非常重要的。

建筑配景通常包括树木、草地、人物、车辆等等,选用合适的材料,以正确的比例尺度是配景模型制作的关键。

1.树

树的做法有很多种,总的来讲可以分为两种:抽象树与具象树。抽象树的形状一般为环状、伞状或宝塔形状。抽象树一般用于小比例模型中(1:500 或更小的比例),有时为了突出建筑物,强化树的存在,也用于较大比例模型中(1:30 ~ 1:250)。用于做树模型的材料可以选择钢珠、塑料珠、图钉、跳棋棋子等。

制作具象形态的树的材料有很多,最常用的有海绵、漆包线、干树枝、干花、海藻等等。其中海绵最为常用,它既容易买到,又便于修剪,同时还可以上色,插上牙签当树干等,非常方便适用(图 7.75)。用绿色卡纸裁成小条做成树叶,卷起来当树干,将树干与树叶粘接起来,效果也不

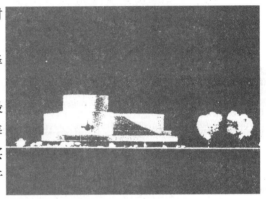

图 7.75 模型树的制作

错。此外,漆包线、干树枝、干花等许多日常生活中的材料,进行再加工都可以制成具有优美形状的树(图 7.76)。

图 7.76 模型树的制作

2. 草地

制作草地的材料有：色纸、绒布、喷漆、锯末屑、草地纸等。

做草地最简单易行的方法就是用水彩、水粉、马克笔、彩铅等在卡纸上涂上绿色，或者选用适当颜色的色纸，剪成所需要的形状，用双面胶贴在底盘上。另外，也可以用喷枪进行喷漆，调配好颜色的喷漆可以喷到卡纸、有机玻璃、色纸等许多材料上。在喷漆中加入少许滑石粉，还可以喷出具有粗糙质感的草地（图 7.77）。

图 7.77　草地模型的制作

锯末屑的选用要求颗粒均匀，可以先用筛子筛选，然后着色晒干后备用。将乳白胶稀释后涂抹在绿化的界域内，洒上着色的锯末屑（或干后喷漆），用胶滚压实晾干即可。

3. 人与汽车

模型人与模型汽车的制作尺度一定要准确，它为整个模型提供了最有效的尺度参照系。

模型人可以用卡纸做。将卡纸剪成合适比例和高度的人形粘在底盘上即可，也可以用漆包线，铁丝等弯成人形。人取实际高 1.70～1.80 m，女人稍低些（图 7.78）。

汽车的模型可以用卡纸、有机玻璃等按照车顶、车身和车轮三部分裁成所需要的大小粘接而成。另一种更为便捷的方法足用橡皮切削而成。小汽车的实际尺寸为 1.77 m×4.60 m 左右。在模型上多取 5 m 左右的实际长度按比例制作（图 7.79）。

图7.78 模型人的制作

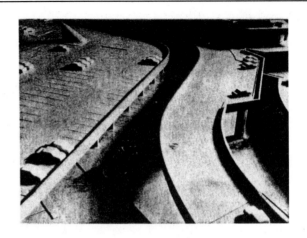

图7.79 模型汽车的制作

四、巧用初步模型

初步模型不仅确切地表达了作者的思维,而且对思维的推进和深化也有着积极的作用。比如我们在分析思考基地环境时有环境模型;在推敲建筑形体时有形体组合模型;在斟酌内部空间时有建筑室内模型;在分析结构方案时有建筑构架模型等。要根据每个设计的具体要求和特点,针对不同的阶段采用不同的模型来促进我们的构思。

通常初步模型对应整个构思设计过程,可以分为三个阶段:在分析基地环境时做环境模型;在作建筑整体布局和形体构思时做建筑构思模型;在进行建筑平立剖设计时做建筑方案模型等。

以外部空间环境设计为例。设计时首先要对基地环境做深入的了解分析,不仅做基地平面的勾绘和分析,还要以模型来表现环境关系。环境中原有的建筑、树、水、山石以及地形地势等均应反映在模型中,并借助于模型促进我们对所绘环境的理解和思考。然后根据设计任务要求,进行外部空间总体布局和基本形体构思,并以构思模型来表现和研究。此时应将该模型置入环境模型中,反复推敲和修改。构思模型是个粗略的形体关系模型,它不仅表达设计的意图和整体构思,而且可以从环境的角度探索构思的效果。这时我们可以做多个构思模型,均置于环境模型中以进行反复比较,从而选出最契合环境并能充分体现创作意图的方案来。当基本思路确定后,在进行平立剖设计时,我们可以用方案模型较具体地表达出来,并进行综合的调整和完善。

制作初步模型的步骤并不复杂。首先我们要根据目的和用途,确定模型的最佳比例及配置,预想模型制作后的效果以及可能选用的材料和工艺。然后根据设计要求确定模型的材料、色彩及特性,运用制作工具处理材料的表面质感及细部。制模时,根据已经确定的模型比例,按照环境配置的范围大小,制作好模型的底盘。对模型的结构体型进行设计，一般制作切块模型时可直接切割，其他比较复杂的模型可以先制作一个模型的内部支撑体系，便于将表面材料铺贴上去。完成模型主体之后，将其放在底盘上，并按照建筑的性格和实际环境效果，配置环境中的树木、车辆、人群以及各类小品，烘托环境的气氛，突出建筑的个性。

在制作初步模型时，应考虑它同制作以表达为目的模型的区别。初步模型的制作，要力图反映设计内容最本质的特征，是以反映和促进创作思维为根本目的的，所以初步模型比表达模型具有更强的概括性和抽象性。制作时不要将精力过多地浪费在细部的制作上——模仿制作出许多微小的形状和装饰与结构的细部，这样既浪费时间而且还可能会起到喧宾夺主的反作用。有时忽略细部与色彩的白色模型或者简单的几个体块所构成的模型同那些经过精雕细刻的模型相比较，对于所要表达的内容以及对创作思维的促进来说，会起到更大的作用。

附 录 一

哈尔滨工业大学 2005 年
设计艺术学硕士研究生入学考试试题

考试科目:造型与设计基础

(满分 150 分,设计基础 75 分)

(答案内容务必写在试卷纸上,并标明所属部分名称和题号,答在本试题上无效)

第二部分 设计基础 (75 分)

5.概念题(10 分)

① 建筑尺度

② 层高

6.简答题(15 分)

③ 空间的序列

④ 外部空间的主要类型

7.作图题(20 分)

用减法设计做出三个三角锥体分割的方案,徒手绘制,要求:

(1)方案应符合形式美的规律。

(2)基本形的骨架不变。

8.论述题(30 分)

建筑是一种文化

附　录　二

哈尔滨工业大学 2006 年
设计艺术学硕士研究生入学考试试题

考试科目:造型与设计基础

(满分 150 分,设计基础 75 分)

(答案内容务必写在试卷纸上,并标明所属部分名称和题号,答在本试题上无效)

第二部分 设计基础 (75 分)

1. 概念题(10 分)

① 建筑小品

② 过渡空间

2. 简答题(15 分)

① 内部空间的限定要素

② 基地分析应注意哪些自然条件

3. 作图题(30 分)

按制图规范工具或徒手绘制:

(1)高侧窗的平面图。

(2)开间 3000 的墙上开 1800 宽的疏散门(居中),画出平面图(标注尺寸)。

(3)两跑楼梯顶层的平面图。

(4)指北针的表示方法。

4. 论述题(20 分)

建筑的功能

参考文献

1 (美)凯文 林奇著.城市的印象.项秉仁译.北京:中国建筑工业出版社,

2 田学哲.建筑初步.北京:中国建筑工业出版社,1980

3 刘育东.建筑的涵意.北京:清华大学出版社,1999

4 (美)爱德华 T 怀特著.建筑语汇.林敏哲,林明毅译.大连:大连理工大学出版社,2001

5 辛华泉.形态构成学.杭州:中国美术学院出版社,1999

6 赵殿泽.构成艺术.沈阳:辽宁美术出版社,1997

7 彭一刚.建筑空间组合论.北京:中国建筑工业出版社,1983

8 (美) C 亚历山大等著.建筑模式语言.王昕度,周序鸿译.北京:知识产权出版社,

9 李道增.环境行为学概论.北京:清华大学出版社,

10 (意)布鲁诺 赛维著.建筑空间论.张似赞译.北京:中国建筑工业出版社,1985

11 沈福煦.建筑概论.上海:同济大学出版社,1994

12 (日)芦原义信著.外部空间设计.君培桐译.北京:中国建筑工业出版社,1985

13 钱健,宋雷.建筑外环境设计.上海:同济大学出版社,2000

14 刘文军,韩寂.建筑小环境设计.上海:同济大学出版社,2000

15 白德懋.城市空间环境设计.北京:中国建筑工业出版社,2002

16 沈福熙.建筑方案设计.上海:同济大学出版社,1999

17 沈福熙.建筑设计手法.上海:同济大学生出版社,2000

18 陆震纬,来增祥.室内设计原理.北京:中国建筑工业出版社,2001

19 刘芳,苗阳.建筑空间设计.上海:同济大学出版社,2001

20 陈学文主编.室内空间设计图集.沈阳:辽宁科学技术出版社,1996

21 黄为隽.建筑设计草图与手法.哈尔滨:黑龙江科学技术出版社,1995

22 彭一刚.创意与表现.哈尔滨:黑龙江科学技术出版社,1994

23 钟训正.建筑画环境表现与技法.北京:中国建筑工业出版社,1989

24 (美)保罗 拉索著.图解思考.邱贤丰等译.北京:中国建筑工业出版社,2002

25 严翠珍主编.建筑模型.哈尔滨:黑龙江科学技术出版社,1999

26 童鹤龄.建筑渲染.北京:中国建筑工业出版社,1998

建筑·艺术设计丛书

建筑设计基础(修订版)	周立军		28.00
建筑安全学概论	赵运铎 孙世钧	方修建	25.00
城市地下空间建筑	耿永常 赵晓红		18.00
城市学(修订版)	唐恢一		25.00
规划建筑法规基础	吴松涛		16.00

建筑速写(第三版)	杨 维		22.00
装饰雕塑	王 琳 乐大雨		22.00
中国美术史	杨 维 林建群		26.00
外国美术史	吕勤智 杨 维		25.00
经典建筑立面	林建群 杨 维		38.00
造型艺术基础训练任务书及图例(一)	杨 维 孔繁文	韩振坤	28.00
室内空间环境设计思维与表达	赵晓龙 邵 龙	李玲玲	22.00
欧洲教堂	林建群 王 鹏		58.00
纪念碑与纪念建筑	林建群 黄胜红		58.00
剧院与展馆	林建群 张平清		58.00
建筑小品与装饰	林建群 战杜鹃		58.00